AF312130

CATALOGUE

DES LÉPIDOPTÈRES

DE LA GIRONDE.

CATALOGUE

DES

LÉPIDOPTÈRES

DE LA GIRONDE;

PAR

M. H. TRIMOULET,

SECRÉTAIRE DU CONSEIL DE LA SOCIÉTÉ LINNÉENNE DE BORDEAUX,

Membre de la Société entomologique de France.

(Extrait des ACTES de la Société Linnéenne de Bordeaux, tome XXII, 1re livraison.)

BORDEAUX.

TYPOGRAPHIE DE TH. LAFARGUE, LIBRAIRE,

Imprimeur de la Société Linnéenne,

RUE PUITS DE BAGNE-CAP, 8.

1858.

CATALOGUE

DES LÉPIDOPTÈRES

DU DÉPARTEMENT DE LA GIRONDE.

L'étude des Lépidoptères rend tous les jours d'éminents services à l'agriculture et à l'industrie. La connaissance des mœurs des Papillons et de leurs Chenilles, ainsi que celle de l'époque où ils apparaissent, est d'une utilité incontestable pour combattre les ravages qu'ils exercent sur les récoltes en les attaquant, soit dans leurs racines, soit dans leurs tiges, soit enfin dans les organes reproducteurs de l'espèce. Que de moissons détruites en partie ou même en totalité, et qui auraient été sauvées, si les auteurs de ces dégâts avaient été reconnus !

L'industrie retire d'un lépidoptère la soie, qui fait l'orgueil et la richesse de plusieurs de nos départements du sud-est, et peut-être un jour, quelques Bombyx de nos contrées pourront lutter avec leurs congénères asiatiques, les Bombyx du mûrier, du ricin et du chêne; car il est certain que la sériciculture est loin d'avoir dit son dernier mot. Qui peut dire, en effet, que les nids tissés par certaines chenilles vivant en familles, telles que les *Processionnaires du Pin*, si communes dans nos landes, ne sont pas appelés à fournir une soie, inférieure il est vrai, mais dont l'apparition amènera une véritable révolution dans l'industrie séricicole.

La Gironde, un des plus grands départements de la France, a été, jusqu'à présent, fort peu explorée pour l'histoire entomologique. Pourtant, ce département doit être un des plus riches en lépidoptères, car il renferme dans son étendue, des marais, des landes immenses, des bois, des terrains incultes, des coteaux arides, etc. Mais on s'est toujours borné à faire des excursions fort restreintes, et qui laissent indubitablement beaucoup d'espèces nouvelles à découvrir.

Je n'ai pas eu la prétention d'offrir ici un catalogue complet des lépidoptères de notre département, mais j'ai pensé qu'en me bornant à l'énumération succincte de ceux que j'ai eu le bonheur de recueillir et qui composent ma collection, je fournissais un cadre déjà assez étendu, autour duquel il serait facile de grouper les découvertes ultérieures.

Nota. — Il existe déjà un Catalogue des lépidoptères de la Gironde, par M. l'abbé Lalanne; mais ce travail, auquel je m'empresse de rendre justice, est fort insuffisant. J'ai pris soin, d'ailleurs, de désigner d'une manière spéciale par un astérisque (*) toutes les espèces qui ne se trouvent pas mentionnées dans l'ouvrage de mon prédécesseur.

Quoique me livrant depuis longtemps à l'étude de l'entomologie, je dois, toutefois, avertir que mes excursions les plus sérieuses ont eu pour théâtre l'arrondissement de Bordeaux; encore même, ai-je été forcé de négliger, bien à contre cœur, l'exploration des landes : mais certaines chasses, et en particulier celle dite *à la miellée*, étant impossible dans les vastes forêts de pins ou dans les landes éloignées de tout abri, j'ai dû me résigner pour le moment, et désirer encore plus ardemment celui qui ne peut manquer, tôt ou tard, d'arriver, où des richesses nouvelles ou peu connues seront recueillies dans ces localités.

En tant que Catalogue de la Gironde, ma collection est donc loin d'être *complète*, comme du moins j'entends cette dernière expression ; mais si tout le premier j'y trouve des vides à remplir, il est du moins un titre que je peux faire valoir en faveur de cette publication : c'est l'exactitude. Je n'ai jamais nommé une espèce sans l'avoir recueillie moi-même, ou sans en laisser la responsabilité à la personne qui m'en a donné connaissance; et encore, n'ai-je admis que des témoignages de naturalistes dignes de créance.

J'ai suivi dans ce travail, pour le classement des espèces, des genres et des tribus, l'ordre adopté par M. le docteur Boisduval, dans son *Index methodicus*. L'habitat et l'époque de l'apparition, que je considère comme les points les plus essentiels, ont reçu tous mes soins. Pour rendre aussi clairs que possible les renseignements que je donne , j'ai divisé mon travail ainsi qu'il suit :

Insecte parfait : 1° Manière de le chasser ; 2° époque de son apparition ; 3° son habitat général ; 4° indication des différentes localités où il se trouve. — *Chenille :* 1° Son habitat, s'il n'est pas le même que celui de l'insecte parfait ; 2° l'époque de son apparition ; 3° sa nourriture. — *Chrysalide :* époque et lieux où elle se trouve.

Le nombre des espèces mentionnées dans ce catalogue est de 590, divisées de la manière suivante : Rhopalocères , 95 ; Hétérocères , 495 ; ces dernières se partagent en Crépusculaires et Bombyx, 127 ; Noctuelles , 213, et Géomètres , 154.

Les Rhopalocères doivent être à peu près complets. Les Crépusculaires également , à l'exception des genres *Syrictus* et *Psyche* , et des tribus *Seseides* et *Lithosides.* A l'exception des genres *Phisia* et *Catocala* , les Noctuelles doivent laisser beaucoup de vides , surtout dans les genres *Hadena, Leucania* et *Caradrina.* Les Géomètres fournissent les genres les plus incomplets, surtout les *Cidaria* et les *Eupithecia.*

A ces courtes explications sur mon travail, je crois utile, sans avoir la prétention de vouloir faire ici un traité de Lépidoceptologie , de mentionner les procédés reconnus les plus profitables dans nos contrées. Si je m'expose au reproche de répéter ce que l'on peut trouver ailleurs, je ne le ferai , du moins, que de la manière la plus concise possible et dans l'espérance que ce peu de lignes, tombant sous les yeux des jeunes lépidoptéristes , leur rendra quelques services.

§ I. — CHASSE DES LÉPIDOPTÈRES.

1° CHASSE A LA MAILLOCHE. — Apportée du Nord, par M. Th. Panessac , savant entomologiste de Bordeaux, est souvent très-fructueuse dans les bois taillis, pour se procurer soit l'insecte parfait, soit les chenilles, aux mois d'Avril, Mai , Août, Septembre et Octobre.

2° CHASSE AU PARAPLUIE. — Pour recevoir les insectes qui tombent en battant les plantes hautes, les haies et les branches basses des grands arbres. A l'aide de ce procédé connu presque partout, on peut se procurer une foule de bonnes chenilles, aux mois de Mai, Juillet et Octobre.

3° CHASSE A LA CORDE MIELLÉE. — Procédé de M. H. Gaujac, amateur distingué de notre ville. Je saisis ici l'occasion de témoigner ma vive reconnaissance à cet entomologiste zélé, pour la bienveillance qu'il a mise dans les communicattons qu'il a bien voulu me faire. Cette chasse se fait avec une corde enduite de miel, tendue sur la lisière d'un bois, dans un marais, ou tout autre endroit où l'on pense qu'il peut y avoir des Noctuelles. Ce procédé est fort avantageux ; car de cette manière, j'ai obtenu des espèces très-rares, et même nouvelles pour le département : *Ramburii*, *ærithrina*, *leucogaster*, *popularis*, *fluviaria*, etc. Cette manière de chasser exige deux personnes; car il faut être éclairé par une lanterne, et être libre de ses mouvements, pour manier une pince et un filet, et piquer ensuite les lépidoptères qui y sont tombés. On peut, d'après un second procédé anciennement connu, mettre le miel contre des arbres, où l'on pique les lépidoptères au poignard; mais cette chasse ne peut se faire que dans des endroits où les arbres ont le pied dégagé de broussailles.

On commence à chasser à la miellée après le crépuscule, et la chasse peut durer jusque vers onze heures; passé cette heure, les Noctuelles se laissent tomber et sont très-difficiles à prendre.

4° Chasse au crépuscule. — Sur *Lonicera caprifolium, periclymenum et xylosteum ; Lavandula spica ; Valeriana officinalis ; Tagetes erecta ; Epilobium angustifolium ; Lythrum salicaria ; Verbena Aubletii ; Mirabilis jalappa.*

5° Chasse a la lanterne. — Faite sur les chasselas bien mûrs, cette application, découverte par M. Lamberty, de Bordeaux, produit de très-bons résultats.

§ II. — ÉLÈVE DES CHENILLES.

Il est utile, pour certaines chenilles arboricoles, de les élever sur l'arbre même, au moyen d'un sac de mousseline dont on enveloppe la branche où elles se tiennent; c'est le moyen le plus sûr de les conserver, car certaines espèces, surtout parmi celles qui passent l'hiver, ne pourraient pas vivre dans un appartement.

Les commençants doivent également faire bien attention de séparer les chenilles campéphages (καμπηφαγον, mangeuses de chenilles), et les carnassières, que j'indique dans le catalogue, et de ne pas mêler de larves aux chenilles, car en peu de temps, toutes ces dernières seraient mises à mort.

On peut élever facilement les chenilles lignivores avec de la sciure de bois de chêne, de saule, ou une pomme dont on a retiré les pepins.

§ III. — CONSERVATION DES CHRYSALIDES.

Les chrysalides qui ont l'habitude de s'enfoncer dans le sol doivent être soigneusement tenues dans de la terre qui ne soit ni trop sèche ni trop humide, mais qui tienne, autant que possible, un juste milieu entre ces deux états; autrement, dans le premier cas, elles se dessèchent; dans le second, elles se moisissent. Pour éviter, ces inconvénients, on peut mettre les chrysalides sur de la mousse que l'on asperge de temps à autre, ou bien, mettre des éponges imbibées d'eau dans la caisse où on les renferme.

§ IV. — CONSERVATION DES LÉPIDOPTÈRES.

Il faut avoir des boîtes ou des cadres hermétiquement fermés, garantis le plus possible de l'humidité et de la lumière, afin de conserver les couleurs. Le mercure et les odeurs fortes telles que les essences de serpolet et de romarin les préservent, aussi bien que les savons arsénicaux employés par d'autres entomologistes, des insectes rongeurs des autres ordres, et des Acarus. Mais, quand un lépidoptère est attaqué, on devra le frotter d'éther arseniqué. Cette composition ne tache pas les ailes et le conservera désormais.

Un fil enduit de nicotine ou de tabac macéré dans l'alcool, introduit dans le corps des grosses espèces, les préserve des insectes et soutient l'abdomen.

On doit se servir d'éther de préférence à la térébenthine, pour dégraisser les lépidoptères; on les place ensuite sous de la terre de Sommières qui pompe alors toute l'huile.

Pour ramollir un papillon afin de l'étaler ou de le dépiquer, on frotte dans le premier cas, la base des ailes; dans le second, le corselet, avec de l'alcool; cela opère tout de suite, mais l'on peut, dans certaines espèces, dénaturer les couleurs.

Je ne veux pas terminer ces quelques lignes, sans remercier les entomologistes qui par leurs communications ont bien voulu faciliter mon travail. J'ai les plus grandes obligations à MM. H. Gaujac, Serisier frères, Panessac et Auguste; je prie donc ces Messieurs, de vouloir bien recevoir ici l'expression de toute ma gratitude.

RHOPALOCERA.

I. Tribus **PAPILIONIDES**.

Genus PAPILIO. Lat., Bdv.

1. **Podalirius** L., Bdv. 1. Avril et Juillet. Vergers et champs. Bassens, le Bouscat. La chenille, en Juin, Août et Septembre, sur les *Prunus spinosa*, *Amygdalus communis*, *Persica vulgaris*, *Petroselinum sativum*.

2. **Machaon** L., Bdv. 2. Mai, Juillet et Août. Dans les jardins, les prairies, etc. Pessac, Bouliac, le Bouscaut, etc. La chenille, en Août et Septembre, sur les *Fœniculum officinale*, *Daucus carota*.

   Var. *Burdigalensis* Nob. Juillet. Coteaux de Fargues et de Bonnetan ; terres incultes.

   Cette variété se distingue du type, par la couleur ochrée des ailes.

II. Tribus **PIERIDES**.

Genus PIERIS Bdv.

3. **Cratægi** L., Bdv. 15. Mai et Juin. Jardins, vergers, etc. Pessac, Talence, etc., partout. La chenille, Avril et Mai, sur tous les arbres fruitiers, *Cratægus oxyacantha* et *pyracantha*, *Prunus spinosa*. Elles passent l'hiver en famille et se dispersent en Avril.

4. **Brassicæ** L., Bdv. 16. De Mai à Août. Partout. La chenille, d'Août à Octobre, sur le *Brassica oleracea* et autres crucifères.

5. **Rapæ** L., Bdv. 17. Toute l'année. Dans les jardins, les prairies, etc. Partout. La chenille, toute l'année, sur presque toutes les crucifères et spécialement sur les *Brassica napus* et *Tropeolum majus*.

6. **Napi** L., Bdv. 18. Avril à Juillet. Dans les bois. A Pessac, Bouliac, etc. La chenille, en Automne, sur les crucifères sauvages.

Var. *Napeæ* Esp., Bdv. Septembre. Dans les prairies. A Pessac. La chenille, en Mai et Juin, sur les crucifères.

7. **Daplidice** L., Bdv. 21. Avril et Juillet. Dans les prairies arides. A Pessac, Bruges. La chenille, selon les auteurs, se nourrit de *Brassica oleracea, Thlaspi perfoliatum* et *arenarium, Reseda lutea.*

Var. *Belidice* Brahm., Bdv. Avril. Terrains arides. Pessac, Bruges. Beaucoup plus rare qne le type. Ne paraît qu'une seule fois par an.

Genus ANTHOCARIS Bdv.

8. **Belia** Fab., Bdv. 25. Mars, Avril. Terrains arides rapprochés des crucifères. A Pessac, Mérignac, le Bouscaut, Fargues, etc. On prétend que la chenille se nourrit de *Biscutella lævigata.* Le type du Bélia de la Gironde est remarquable par sa grandeur et les taches des ailes qui sont fortement nacrées.

9. **Ausonia** Esp., Bdv. 26. De Juin à Septembre. Terrains arides, champs de seigle, les dunes du bord de la mer. A Bouliac, Bassens, le Bouscaut, La Teste.

Cet Anthocharis, malgré ce que disent quelques auteurs, a deux générations par an.

La chenille d'abord en Juillet et ensuite en Septembre, se nourrit de *Brassica erucastrum, Sinapis incana*, dont elle mange les siliques. La chenille venue en Septembre, passe l'Hiver en chrysalide.

10. **Cardamines** L., Bdv. 30. Avril, Mai et Juin. Dans les bois, les prairies. A Pessac, Mérignac, Bouliac, etc. La Chenille, aux mois de Juillet et Août, sur les *Cardamine pratensis* et *impatiens, Turritis glabra.* Elle se chrysalide pour passer l'Hiver.

Les Cardamines qui se montrent en Juin sont beaucoup plus grands que ceux des mois d'Avril et de Mai, et ne se trouvent que sur les côtes.

Genus LEUCOPHASIA Steph., Bdv.

11. **Sinapis** L., Bdv. 33. Mai, Juillet. Prairies. A Bouliac, Floirac. La chenille en Juin et Septembre, sur les *Lotus corniculatus, Lathyrus pratensis.*

Var. *Erysimi* Bork., Bdv. Mai, même localité que le type.

* 12. **Umbratica** Nob. Avril, dans les bois, à Pessac. La chenille m'est inconnue.

Cette espèce diffère beaucoup de la précédente par son habitat et par son époque d'éclosion. Voici sa description qui diffère aussi de celle du *Sinapis* :

Dessus... { 1res *ailes*... Blanches ; une grande tache noirâtre, oblongue, sur l'angle supérieur. / 2es *ailes*.... Blanches.

Dessous... { 1res *ailes*... Blanc-jaune. / 2es *ailes*... Jaunes, marbrées de gris-jaune.

Dans la ♀, la tache des ailes supérieures est beaucoup plus grise que dans le ♂. Enfin, la coupe des ailes inférieures est plus allongée que dans le *Sinapis*.

Genus RHODOCERA Bdv.

13. **Rhamni** L., Bdv. 35. Toute l'année. Partout. La chenille, toute l'année. Elle se nourrit de *Rhamnus frangula* et *catharthicus*.
Var. *Cleopatra* L., Bdv. Cette belle variété, suivant quelques entomologistes, a été prise plusieurs fois dans la Gironde.

Genus COLIAS Bdv.

14. **Edusa** L., Bdv. 38. Juin à Septembre. Prairies, champs de blés et de trèfles. Partout. La Chenille, très-rare ; sur les *Trifolium* et *Medicago sativa*. Juin, Septembre.
Var. *Helice* H., Bdv. Comme le type. Prairies des côtes, Fargues, Floirac.

15. **Hyale** L., Bdv. 47. Mai, Août, Septembre. Champs de trèfles et de luzernes, côtes incultes. Bouliac, Floirac, partie Est de la Gironde.

III. Tribus LYCÆNIDES.

Genus THECLA F., Bdv.

16. **Betulæ** L., Bdv. 48. Juillet, Août. Haies de pruneliers. A Bouliac, Floirac, Fargues, etc. La chenille, en Juin, sur le *Prunus spinosa*, s'élève facilement, mais elle est très-souvent ichneumonée.

17. **W. Album** Illig., Bdv. 50. Juin. Promenades plantées d'ormes. La chenille, en Avril et Mai, sur l'*Ulmus campestris.*

18. **Acaciæ** Fab., Bdv. 51. J'ai pris une seule fois ce Thecla, qui est nouveau pour le département, sur la route du Bouscaut, sur une haie de prunelier.

19. **Æsculi** Hub., Bdv. 52. Juin et Juillet. Partout. Pessac, Bouliac. La chenille, au mois de Mai, sur le *Prunus spinosa.*

20. **Lynceus** F., Bdv. 53. Juin et Juillet, bois et taillis de chênes. A Pessac, le Bouscaut. La chenille, en Mai, sur le *Quercus robur* et l'*Ulmus campestris.*

21. **Quercus** L., Bdv. 55. Juillet. Bois et taillis de chêne. A Pessac, le Bouscaut. La chenille, Mai et Juin, sur le *Quercus robur* et *pedunculata.*

22. **Rubi** L., Bdv. 57. Aril, Mai et Juin. Vole sur les genêts, les littoraux des bois de pins et de chêne. A Pessac, Mérignac, etc. La chenille, fin Été, sur le *Rubus fruticosus* et *cœsius*, et selon certains auteurs, sur le *Genista tinctoria* et *Hedysarum onobrychis.* Elle passe l'Hiver en chrysalide.

Genus POLYOMMATUS Bdv.

23. **Phlœas** L., Bdv. 59. Toute l'année. Partout. Sur les routes, les prairies, les jardins. La chenille, toute la belle saison; celles de Septembre passent l'Hiver; elles se nourrissent de *Rumex.*
Var. *A. Brune*, spéciale aux landes. Avril, comme le type.

24. **Hippothoe** L., Bdv. 62. Juin et Août. Dans les marais, sur l'*Inula dyssenterica.* A Blanquefort, Bègles, Courégean, etc. La chenille, Avril et Juin, sur l'*Iris pseudo-acorus.*

25. **Gordius** Esp., Bdv. 66. Juin et Juillet. Dans les plaines, sur le serpolet. A Pessac. Dans les bois, sur la ronce frutescente. A La Teste.
Les Gordius de la Gironde se distinguent de ceux des autres localités, par un reflet violacé, très-brillant, dans le ♂.

26. **Xanthe** F., Bdv. 68. Mai, Juillet et Août. Prairies sèches. Pessac, Fargues, etc. La chenille, en Juin et Septembre, se nourrit, selon Fabricius, de *Rumex acetosa*, et selon Duponchel, de *Genista scoparia.*

Genus LYCÆNA Bdv.

27. **Bætica** L., Bdv. 70. Août, dans les jardins, sur le *Colutea arborescens* et *Genista*. A Bègles. La chenille, en Juillet, se nourrit dans les gousses du *Colutea arborescens*.

28. **Telicanus** Her., Bdv. 71. Dans les champs de genêts. A La Teste. Je pense que la chenille se nourrit des graines du *Genista tinctoria*.

29. **Amyntas** Fab., Bdv. 72. Juin et Juillet. Dans les côtes et les prairies. A Bouliac, Pessac. La chenille, suivant divers auteurs, sur les *Rhamnus frangula* et *catharticus*. et *Hedisarum onobrychis*.

Var. *Coretas* Hub., Bdv. Juin, Juillet. Dans les côtes Est de la Gironde. Bouliac, etc.

30. **Hylas** Fab., Bdv., 73. Mai, Juin. Sur le serpolet, le trèfle. Dans les côtes de Bouliac, Floirac, etc. La chenille se nourrit de diverses espèces de trèfles.

31. **Ægon** Bork., Bdv. 76. Mai, Juin. Dans les landes. A Pessac, Mérignac, Facture, etc. La chenille, en Mai, sur les *Genista tinctoria* et *Sarathamnus scoparius*.

Quelques variations dans les points du dessous des ailes.

32. **Argus** L., Bdv. 77. Juin, Août. Dans les prés secs, les côtes. A Bouliac, Pessac. La chenille, d'après les auteurs, en mai, sur les *Hedisarum onobrychis* et *Melilotus officinalis* et *alba*.

33. **Agestis** Esp., Bdv. 82. Juillet. Dans les prés secs des côtes. La chenille, sur les trèfles.

34. **Alexis** F., Bdv. 89. Tout l'Été. Partout. La chenille, fin Mai et fin Juillet, sur les *Trifoliam, Medicago sativa, Ononis spinosa*. On doit séparer les chenilles d'Alexis qui se dévorent entre elles.

Beaucoup de variétés dans la ♀ ; il y en a dont les teintes varient depuis le brun noir jusqu'au bleu fortement violacé.

35. **Adonis** F., Bdv. 94. De Mai à Septembre. Dans les terrains calcaires, les prairies et les côtes. A Bouliac, Floirac, Fargues, etc. La chenille, en Avril et Juin, sur les trèfles.

Beaucoup de variétés intermédiaires entre la ♀ brune et la variété ♀ *Ceronus*. J'ai trouvé dans cette espèce deux hermaphrodites et plusieurs aberrations.

Var. *Ceronus* Hub., Bdv. De Mai à Septembre. Terrains calcaires, côtes. Bouliac, Fargues.

Le *Ceronus* de la Gironde est remarquable par le brillant de sa couleur bleue qui atteint et même dépasse celui de l'*Adonis* ☿. Cette belle espèce que plusieurs entomologistes ont cru être une espèce, n'est qu'une variété ♀ de l'*Adonis*.

MM. Serisié frères m'ont assuré avoir trouvé un *Adonis* ☿ accouplé avec un *Ceronus*.

Var. *A.* Nob. De Mai à Septembre, comme l'*Adonis*.

Cette variété ☿ et ♀ est constante, dans la suppression aux ailes inférieures, en dessous, des points ocellés, à l'exception de celui du centre et de la bande marginale fauve.

36. **Corydon** F., Bdv. 96. Juillet à Septembre. Dans les côtes, sur le serpolet. A Bouliac, Floirac, Fargues. La chenille, sur les *Trifolium*.

Var. ♀ *maris colore*, mêmes localités. En Septembre.

37. **Acis** W., Bdv. 100. Mai. Prairies. Fargues. La chenille m'est inconnue ; elle se nourrit de *Melilotus officinalis* et *Astragalus glycyphyllus*, d'après les auteurs.

38. **Argiolus** L., Bdv. 109. Juillet et Août. Sur les haies de ronces. Partout. La chenille, sur les *Rhamnus*.

* 39. **Alcon** F., Bdv. 113. Juillet, Août. Dans les landes du Sud-Ouest. Saint-Médard, etc. Type très-grand, surtout la ♀.

40. **Arion** L., Bdv. 116. Fin Juillet et Août. Coteaux arides, Fargues, La Tresne.

IV. Tribus ERICINIDES.

Genus NEMEOBIUS Steph. Bdv.

41. **Lucina** L., Bdv. 117. Mai et Juillet. Dans les allées des grands bois. Sur les ronces, au Bouscaut, etc. La chenille, en Juin et Septembre, ces dernières passent l'Hiver ; elle se nourrissent de *Primula officinalis* et *acaulis*.

VI. Tribus NYMPHALIDES.

Genus LIMENITIS Bdv.

* 42. **Sibylla** F., Bdv. 121. Juillet. Dans les bois, sur les chèvrefeuilles, les ronces. A Lestonac (Gradignan). La chenille, en Mai, sur le *Lonicera peryclymenum*.

Cette espèce, très-longtemps confondue avec la suivante, est très-difficile à prendre ; elle varie un peu de celle du Nord.

43. **Camilla** F., Bdv. 122. Mai, Juillet, Août. Voltige sur les haies, les ronces, etc. A Pessac, Bouliac, etc. La chenille, en Avril, Juin et Juillet, sur les *Lonicera peryclymenum, xylosteum* et *capryfolium*.

Genus ARGYNIS Ochs., Bdv.

44. **Pandora** Esp., Bdv. 124. Au mois d'Août. Voisinage des bois, sur le *Dypsacus sylvestris*. A Saint-André-de-Cubzac, Bazas, Bègles.

45. **Paphia** L., Bdv. 126. Mai à Juillet. Dans les bois humides, sur le *Dypsacus sylvestris* et les *Rhamnus*. A Gradignan, le Bouscaut, La Teste, etc. La chenille, en Mai, sur les violettes sauvages *(Viola)*, et d'après certains auteurs, sur le *Rubus idœus*.

46. **Aglaja** L., Bdv. 128. Juillet. Dans les prairies, les semis de pins ; vole sur les ronces et les chardons en fleurs. A Gradignan, Toctoucau, etc. La chenille, d'après les auteurs, au commencement de Juin, sur les violettes sauvages.
Aberr. *Charlota* Bdv. a été prise une seule fois, à Cestas.

* 47. **Addipe** F., Bdv. 130. En Juillet. Dans les bois et les prairies, sur les chardons en fleurs. La chenille, d'après les auteurs, dans les premiers jours de Juin, sur les *Viola odorata* et *tricolor*.
Var. *Cleodoxa* Esp., Bdv. En Juillet, comme le type, t. r.

48. **Lathonia** L., Bdv. 132. Mars et Avril, de Juin à Septembre. Partout. Les individus de la seconde époque sont beaucoup plus grands et ont les couleurs plus foncées que ceux de la première. La chenille, Mai et Août, sur les *Viola, Hedysarum onobrychis, Borrago officinalis*.

49. **Dia** L., Bdv. 144. Avril, Mai, Juillet et Août, Partout. La chenille, en Juin et Septembre, d'après les auteurs, sur les violettes.

50. **Selene** F., Bdv. 147, Dans les bois. A Gradignan, le Bouscat. La chenille, que je n'ai pas encore trouvée, pas plus qu'aucune chenille d'Argynis, est, selon les auteurs, très-difficile à découvrir. Elle se nourrit, comme ses congénères, de *Viola* et de *Plantago major*.

Genus MELITÆA F., Bdv.

51. **Artemis** F., Bdv. 155. Avril, Mai et Juillet. Dans les bois. A

Pessac. Les chenilles, en Mars. Elles ont passé l'Hiver en famille, renfermées dans une toile. Elles sont très-faciles à élever. On les trouve sur les *Scabiosa sylvatica*, *Lonicera peryclymenum* et *xylosteum*.

Var. *Provincialis* Bdv. Vole en même temps que le type, mais plus rare.

52. **Cinxia** F., Bdv. 156. Mai et Juillet. Dans les prairies sèches. A Pessac, Gradignan. La chenille, en Avril et Juin, sur les *Plantago lanceolata* et *major*, *Veronica chamœdris*, *Cichorum intybus*, *Hieracium pilosella*.

53. **Phœbe** F., Bdv. 158. Mai et Juillet. Dans les champs arides, prés secs. Pessac, Fargues. La chenille, que je n'ai jamais élevée, en Mars et Juin, sur les *Scabiosa arvensis* et *Erithrea centaurium*. Cette espèce offre beaucoup de variations.

54. **Didyma** F., Bdv. 162. Mai, Juillet. Dans les champs et les prairies arides. A Pessac. La chenille, en Avril et Juin, sur les *Plantago*, *Veronica chamœdris*, *Artemisia vulgaris* et *Linaria vulgaris*. Beaucoup de variations.

Var. ♀ *Moulinsii* Nob. Mai. Prairies arides. Pessac. Cette variété remarquable, que je dédie à mon honorable et savant collègue M. Des Moulins, président de la Société Linnéenne de Bordeaux, diffère entièrement des variétés ♀ brunes. Le fond des premières ailes est entièrement fauve très-clair, fortement sablé de noir; les taches antérieures comme dans le type, les postérieures lunulées, bien marquées et formant trois lignes transverses suivies d'une autre ligne noire avec le côté interne denté. Aux ailes inférieures, le bord abdominal est entièrement noir avec deux taches fauve-clair, le reste de l'aile fauve-rouge avec les taches du type, mais arrondies et mieux marquées. Le dessous est exactement semblable à celui de *Dydima* ♀.

55. **Parthenie** Bork., Bdv. 165. Juillet et Août, même localité que le précédent. A Pessac, le Bouscaut. La chenille, en Juin, sur les *Plantago lanceolata* et *major*.

56. **Athalia** Bork., Bdv. 166. Mai à Juillet. Dans les bois et les prairies. A Pessac, etc. La chenille, Avril et Mai, sur les *Plantago lanceolata* et *major*, et *Valeriana officinalis*. Nombreuses variétés insignifiantes.

Genus VANESSA Ochs., Bdv.

57. **Cardui** L., Bdv. 168. Juillet, Août. Dans les prairies, les champs de trèfle, les chemins, sur les chardons. Partout. La chenille est assez rare. Juin et Août. Sur les *Urtica urens, Eryngium campestre, Carduus acanthoides*.

58. **Atalanta** L., Bdv. 169. Toute la belle saison. Partout. La Chenille, sur les *Parietaria diffusa* et *Urtica urens*. Toute l'année.

59. **Io** L., Bdv. 170. Avril et Juillet. Fargues. La chenille, en Mai, Juin et Septembre, sur les *Urtica urens* et *Humulus lupulus*.

Ces trois *Vanessa* varient beaucoup pour la taille.

60. **Antiopa** L., Bdv. 171. Juillet et Août. Dans les lieux plantés de saules, oseraies, aubarèdes. Bègles, Cenon, Pessac, Mérignac, etc. La chenille, en Mai, Juin, sur les saules et les peupliers, spécialement sur les *Salix caprea* et *alba*. Cette chenille vit en famille.

Quelques variétés fort rares.

61. **Urticæ** L., Bdv. 172. Mai à Août. Partout. Quelques *Ab.* rares. Cette Vanessa est assez rare, mais la chenille est très-commune, aux mois d'Avril et de Juillet, sur les *Urtica dioica* et *urens*.

Comme la précédente, dans son jeune âge, elle vit en famille.

62. **Polychloros** L., Bdv. 174. Mai, Juin. Partout. La chenille, en famille nombreuse, en Mai, sur les saules, les peupliers et les ormes, etc.

63. **C. album** L., Bdv. 182. Mars, Mai et Juin, Octobre. Partout. La chenille, en Mai et Août, sur les *Ribes rubrum, Urtica urens, Ulmus campestris*.

Il existe deux types bien différents en dessous de *C. Album*, l'un très-clair, l'autre très-rembruni; celui d'Été et celui d'Automne. Cette règle souffre beaucoup d'exceptions. J'ai pris deux fois en Octobre et j'ai dans ma collection une *Ab.* ♀ teinte pâle, taches noires très-petites, et la tache blanche, comme un I est très-courte.

VIII. Tribus APATURIDES.

Genus APATURA Ochs., Bdv.

64. **Ilia** F. Bdv. 182. Juin, Août. Lieux plantés de saules, aubarèdes.

A Bègles, La Bastide, Courégean, Caudrot, etc. La chenille, en Mai et Juillet, sur les saules et les peupliers.

Var. *Clytie* Hub., Bdv. Mêmes époques et localités que le type.

IX. Tribus SATYRIDES.

Genus ARGE Esp., Bdv.

65. **Galathea** L., Bdv. 185. Juin, Juillet. Champs et prairies. Pessac, Mérignac, Bouliac.

Genus SATYRUS Bdv.

66. **Phædra** L., Bdv. 238. Juin, Juillet. Bois de pins, landes. Le Bouscaut, Saint-Médard, Gradignan, Cestas, etc.

67. **Fauna** F., Bdv. 240. Juillet. Bois de pins, etc. La Teste, Toctou-cau, etc.

68. **Hermione** L., Bdv. 241. Juin, Juillet. Châtaigneraies, bois de chênes, sur les côtes. A Bouliac, Floirac, La Tresne, Fargues, etc. La chenille se cache sous les pierres et se nourrit d'*Anthoxantum odoratum* et *Lolium perenne*. Elle se chrysalide dans la terre ainsi que celle de *Circe* et de *Semele*.

· 69. **Circe** F., Bdv. 242. Juillet. Dans les bois. A Pessac. La chenille, en Mai, comme celle d'*Hermione*.

70. **Briseis** L., Bdv. 243. Août, Septembre. Dans les côtes arides. Fargues, Bonnetan.

71. **Semele** L., Bdv. 247. Juillet et Août. Bois de pins et de chênes; se tient contre les arbres. Saint-Médard, Pessac, etc. La chenille, en Mai, dans les graminées qui croissent dans les endroits secs.

· 72. **Arethusa** F., Bdv. 249. Août. J'ai pris cette espèce dans l'arrondissement subsidiaire de la Gironde (art. 60 du Règl.), à Royan (département de la Charente-Inférieure), dans les terrains calcaires. Elle diffère un peu du type du Nord.

Var. *Erythia* Hub. Bdv. Août. Landes. Saint-Médard, le Haillan. Cette variété est spéciale à l'Italie et au Sud-Ouest de la France.

73. **Janira** Ochs. Bdv. 253. Mai, Juin, Juillet. Prairies, haies Vole sur les fleurs de ronces. Partout. La chenille passe l'Hiver engourdie et se chrysalide fin Mai. Elle se nourrit de graminées, principalement de *Poa pratensis*.

Aberr. Ce Satyre, si commun, varie très-peu ; cependant, M. Gaujac a trouvé, en 1855, une AB. ♀ avec les ailes inférieures blanches. J'ai trouvé, moi-même, une ♀ marbrée de blanc, et un de mes amis, M. Joly, de Castillon, a eu l'extrème obligeance de me donner une AB. ♂ des plus remarquables qu'il a trouvé aux environs de cette ville : sur le milieu des ailes supérieures, à la place du point noir est une tache triangulaire blanche, et sur les ailes inférieures, des marbrures blanches.

74. **Tithonus** L., Bdv. 254. Juillet, Août. Vole sur les haies et les *Erica vulgaris*. A Pessac, Bouliac, partout. La chenille, en Mai et Juin, sur le *Poa annua*.

75. **Mæra** L., Bdv. 259. Mai, Août. Dans les gorges des coteaux. Bassens, Fargues, etc. La chenille, en Avril et Juin, sur tous les graminées, surtout sur le *Poa annua*.

76. **Megæra** L., Bdv. 262. Mars, Mai, Juin, Juillet. Partout. La chenille, Avril et Septembre, sur tous les graminées qui croissent aux pieds des murs.

77. Var. *Meone (ægeria)*, Hub., Bdv. 264. Remplace le type. Mars, Avril et Mai, Juillet, Août et Septembre. Sur les haies, le long des chemins ombragés. Partout. La chenille, en Juin, se nourrit de quelques graminées et de *Triticum repens*.

Le type de la Gironde est très-foncé.

78. **Hyperantus** L., Bdv. 266. Mai, Juillet et Août. Terrains un peu humides. Gradignan, le Bouscaut.

• 79. **Œdipus** F., Bdv. 267. Juillet. Dans les Asières des landes. A Saint-Médard, Gradignan, le Bouscaut.

80. **Arcanius** L, Bdv. 270. Juillet, Août. Bois taillis, les côtes. Pessac, Bouliac, etc. Duponchel dit que la chenille se trouve en Mai, sur le *Melica ciliata*.

81. **Pamphilus** L., Bdv. 277. Avril à Août. Dans les landes, les côtes, etc. Partout. La chenille, sur le *Cynosurus cristatus*, en Mai, Juin et Juillet.

Aberr. Blanche, trouvée au Haillan, en Août, par M. Panessac.

X. Tribus HESPERIDÆ.

Genus STEROPES Bdv.

82. **Aracynthus** F., Bdv. 279. Juillet. A Gradignan. Il faut battre les buissons pour faire partir la ♀.

Cette espèce remarquable, regardée comme propre au Nord de la France, a été trouvée par M. A. Guillemot, de Thiers, dans le département du Puy-de-Dôme, en 1853. Vers la même époque, M. Moustey, de Bordeaux, la signalait à Gradignan, département de la Gironde.

Genus HESPERIA Bdv.

83. **Linea** F., Bdv. 281. Mai, Juin, Juillet. Partout, sur les fleurs des *Rubus* et *Dipsacus sylvestris*.

84. **Lineola** Ochs., Bdv. 282. Juin, Juillet. A Pessac, le Bouscaut. Fargues, etc. Comme le *Linea* avec lequel il a été longtemps confondu par les entomologistes de la Gironde.

85. **Sylvanus** F., Bdv. 283. Juillet, Août. Partout. Vole le jour sur les fleurs des ronces et des chardons. A Pessac, Fargues, etc.

* 86. **Comma** L., Bdv. 284. Juillet. Vole au grand soleil, dans la lande, sur les fleurs de bruyères. A Saint-Médard, le Haillan.

87. **Actæon** Esp., Bdv. 285. Juillet et Août. Les côtes, terrains arides, sur les ronces. A Fargues, le Bouscaut.

Genus SYRICTHUS Bdv.

88. **Malvæ** F., Bdv. 289. Avril, Juin. Dans les prairies. Partout. La chenille, en Mars et Mai, se nourrit de *Malva sylvestris*, elle se renferme dans les feuilles.

89. **Alveus** Hub., Bdv. 295. Juillet. Lieux secs, clairières des bois. A Pessac.

* 90. **Carthami** Ochs., Bdv. 278. Juillet, Août. Prairies sèches, côtes arides. Fargues.
Var. *A.* Bdv. Août. Fargues.

* 91. **Serratulæ** Ramb., Bdv. 299. Juillet, Août. Prairies sèches et arides. Fargues.

92. **Fritillum** Hub., Bdv. 304. Juillet. Coteaux arides. Bonnetan.

93. **Alveolus** Aub., Bdv. 305. Juillet, Septembre. Prairies sèches, côtes arides. Partout.

* 94. **Ballotæ** Bdv. Juillet, Août. Landes, terrains arides. Pessac.

* 95. **Sao** Hub., Bdv. 308. Juin, Août. Landes, terrains calcaires. Pessac, Fargues.

Nous devons posséder dans la Gironde d'autres *Syrichus* que ceux indiqués ci-dessus. Malgré toutes les études, ce genre n'a pas pu encore être bien divisé, les différences entre les espèces étant très-peu sensibles, il faudrait pour cela élever les Chenilles.

Genus THANAOS Bdv.

96. **Tages** L., Bdv. 310. Avril, Juillet, Août et Septembre. Dans les prairies. Partout.

HETEROCERA.

XII. Tribus SESIARIÆ.

Genus THYRIS Illig., Bdv.

97. **Fenestrina** F., Bdv. 319. Mai, Juin. Vole sur les fleurs d'ombellifères. A Bouliac, Floirac. Très-rare.

Genus SESIA Lasp., Bdv.

' 98. **Tipuliformis** L., Bdv. 336. Mai et Juin. Volant sur le Seringa odorant et le lilas de Perse. A Pessac, le Bouscaut.

99. **Nomadæformis** Lasp., Bdv. 340. Juin. Vole sur les fleurs de troëne, de Seringa odorant. Au Bouscaut.

' 100. **Culiciformis** L., Bdv. 344. Juillet.

101. **Chrysidiformis** Esp., Bdv. 357. Mai et Juin. Dans les prairies, sur les fleurs. Partout.

102. **Asiliformis** F., Bdv. 364. Juin et Juillet. Lieux plantés de saules et de peupliers. Contre ces arbres. A Courrégean, Mérignac, Bègles.

La chenille passe l'Hiver renfermée dans l'intérieur des saules et des peupliers d'Italie dont elle se nourrit, et elle se change en chrysalide en Automne.

' 103. **Apiformis** L., Bdv. 367. Juin et Juillet. Comme *Asiliformis*.

Il doit exister dans le département bien d'autres *Sesies*. Je n'ai pu cependant en observer un plus grand nombre : cette chasse étant très-difficile. Le vol de ces espèces étant très-rapide, elles se confondent avec des Hyménoptères.

XIII. Tribus SPHINGIDES.

Genus MACROGLOSA Ochs., Bdv.

104. **Fusciformis** L., Bdv. 368. Mai et Août dans les prairies, les jardins, butinant sur les fleurs. A Pessac, Bouliac. La chenille, en Juin, Juillet et Septembre, sur les *Lonicera* et *Galium verum*.

105. **Bombyliformis** Ochs., Bdv. 369. Avril et Mai. Les prairies, les jardins et les bois. Butinant sur les fleurs. A Pessac. La chenille, de Juin à Septembre, sur les *Scabiosa arvensis* et *sylvatica*.

106. **Stellatarum** L., Bdv. 371. Printemps et Automne. Prairies, jardins, etc. Partout. La chenille, Août et Septembre, sur le *Galium mollugo*.

Genus PTEROGON Bdv.

107. **Œnotheræ** F., Bdv. 372. Juin. Au Vigean. La chenille, en Juillet et Août. Se cache très-bien le jour; ne cherche sa nourriture que la nuit, sur les *OEnotheræ* et plus souvent sur l'*Epiloba angustifolium*.

Genus DEILEPHILA Ochs., Bdv.

108. **Porcellus** L., Bdv. 374. Juin et Août. Dans les jardins, butinant au crépuscule sur les *verveines* et le *chèvrefeuille*. La chenille, en Juillet; se cache très-bien le jour, comme la précédente; sur les *Galium mollugo* et *verum*, et *Epiloba angustifolium*. A Bassens, Fargues.

109. **Elpenor** L., Bdv. 375. Juin et Août. Dans les jardins, sur les bords des rivières; butinant au crépuscule, sur les fleurs, comme le *Porcellus*. C'est le seul *Deilephila* que j'aie pris à la corde miellée. La chenille, en Juillet, Août et Septembre. Se nourrit, en captivité, de feuilles de vigne, mais elle préfère le *Lithrum salicaria*, *Galium verum*, *Epilobium hirsutum*. Partout.

110. **Celerio** L., Bdv. 379. Septembre, Octobre. Dans les jardins. Butinant au crépuscule, sur les fleurs. A Talence, Gradignan, Mérignac. La chenille, en Juillet et Août, sur la vigne et le caille-lait, *Galium verum*.

Ce *Deilaphila* paraît tous les ans dans la Gironde, mais en petit nombre. Cependant, dans les années très-chaudes, telles que 1846 et 1847, on a pu en faire une ample moisson.

Var. *Augustii* Nob. Cette variété entièrement noire, mêmes dessins que le type, a été trouvée en 1855, par M. Auguste, de Bordeaux.

· 111. **Nerii** L., Bdv. 380. Mai, Juin. Dans les jardins où il y a des lauriers-roses. A Talence, Bordeaux. La chenille, aux mois d'Août et Septembre, sur le *Nerium oleander*.

Le *Nerii* a été trouvé très-rarement dans la Gironde à l'état parfait ; je l'ai trouvé une seule fois dans un jardin et dans Bordeaux. La chenille a été trouvée plusieurs fois sur des lauriers-roses en caisses.

112. **Euphorbiæ** L., Bdv. 382. Juin, Août et Septembre. Grèves des rivières, bords de la mer. Tabanac, La Teste. La chenille, Juillet et Octobre, sur l'*Euphorbia cyparissiæ*. La Chenille et le Papillon varient beaucoup.

· 113. **Galii** F., Bdv. 384. Août et Septembre. Dans les jardins. Butine sur le chèvre-feuille. Bègles. La chenille, sur les *Rubia tinctoria, Galium verum*, t.-r.

114. **Lineata** F., Bdv. 384. Août. Butine, au crépuscule, dans les jardins, sur les chèvre-feuilles, les saponaires, les œillets. Partout. La chenille, au mois de Juin ; est poliphage et mange de préférence les *Galium verum, Linaria* et *Rumex*.

Genus SPHINX Ochs., Bdv.

115. **Pinastri** L., Bdv. 392. Juin, Août. Bois de pins. Pessac, Mérignac, Bruges, etc. Il est remarquable par sa teinte foncée. La chenille, en Septembre et Octobre, se nourrit de *Pinus maritima* et *pinaster*. La chrysalide, aux pieds de ces arbres, devient rare depuis les nombreuses coupes que l'on fait tous les ans.

116. **Ligustri** L., Bdv. 393. Juin, Juillet. Au crépuscule, dans les jardins, sur les chèvre-feuilles et le *Mirabilis jalapa*. Au Vigean, Mérignac. La chenille, Août et Septembre, sur les *Ligustrum vulgare, Syringa vulgaris, Viburnum tinus*.

117. **Convolvuli** L., Bdv. 394. Juillet, Août. Au crépuscule, sur les *Convolvulus* et *Mirabilis jalapa*. La chenille, difficile à élever ; Août, Septembre et Octobre, sur les *Convolvulus arvensis* et *tricolor*.

Genus ACHERONTIA Ochs.

118. **Atropos** L., Bdv. 395. Juillet, Août et Septembre. Dans les champs de pommes de terre, d'où ils viennent dans les appartements, attirés par la lumière. Partout. La Chenille se nourrit, aux mois de Juillet et Août, de *Solanum tuberosum* et *dulcamara*, et de toutes les Solanées. On trouve quelquefois une variété de chenilles noires, mais l'insecte parfait ne varie pas.

Le ♂ est très-remarquable par un bruit semblable à un cri, qu'il produit quand on le prend.

Genus SMERINTHUS Ochs.

119. **Tiliæ** L., Bdv. 396. De Mai à Septembre. Dans les jardins, les promenades, les garennes. Contre les arbres. La chenille, de Juillet à Octobre. Mêmes localités que le Papillon. Se nourrit de *Tillæa Europœa* et d'*Ulmus campestris*. La chrysalide, aux pieds de ces arbres.

' Var. *Ulmi* Schunc. Bdv. Mêmes localités que le type.

120. **Ocellata** L., Bdv. 397. Juin. Vignes, oseraies, aubarèdes, vergers. A Bouliac, Mérignac, etc. La chenille, Août et Septembre, sur les *Salix*, *Populus*, *Persica vulgaris*, *Pyrus malus*, *Amygdalus communis*.

121. **Populi** L., Bdv. 398. Avril à Juin, Août et Septembre. Lieux plantés de peupliers. Partout. La chenille, Juillet et Octobre, sur toutes sortes de peupliers et de saules. La chrysalide, aux pieds de ces arbres.

XIV. Tribus ZYGÆNIDES.

Genus ZYGÆNA Lat., Bdv.

122. **Sarpedon** Bdv. 410. Juillet. Terrains calcaires. Fargues, très-rare.

' 123. **Achillæ** Esp., Bdv. 411. Juin, Juillet. Terrains calcaires, côtes arides. Fargues, Bonnetan. La chenille, au mois de Mai. Se nourrit de trèfles. La chrysalide, fin Juin, à la pointe des graminées. Rare.

Var. *Bellidis* Hub., Bdv. Comme le type, mais beaucoup plus nombreux.

124. **Trifolii** Esp., Bdv. 418. Mai, Juin, Août et Septembre. Dans les prairies. Partout. La chenille, Avril, Mai et Juillet. Sur les trèfles.

Var. *Orobi* Hub., Bdv. Mêmes localités que le type, plus rare. Août.

125. **Filipendulæ** L., Bdv. 420. Mai, Juin, Juillet. Dans les prairies. Lamothe. Fargues, etc. La chenille, Avril, Mai, sur *Spiræa fili-pendulæ*, *Taraxacum officinalis* et les *Trifolium*.

126. **Hippocrepidis** Ochs., Bdv. 423. Août et Septembre. Coteaux secs, prairies arides. Léognan.

Aberr. *A (Alis posticis luteis)*. Très-rare. Mai. A Bouliac. Je n'ai rencontré que trois individus de cette Aberr.

Aberr. *B*. Nob. Les quatre ailes rouges; trouvée par M. Serisié sur les côteaux de Fargues.

127. **Fausta** L., Bdv. 442. Août. Je n'ai pris cette jolie Zigène que dans l'arrondissement subsidiaire de la Gironde, à Royan (Charente-Inférieure).

Genus PROCRIS F., Bdv.

128. **Statices** L., Bdv. 448. Mai, Juin. Prairies sèches, bruyères, à Pessac, etc.

129. **Globulariæ** Esp., Bdv. 450. Avril, Juillet. Lisières des bois. Pessac, Mérignac, Gradignan.

130. **Infausta** L., Bdv. 454. Juillet. Sur les pruneliers et les arbres fruitiers. Pessac, Toctoucau. La chenille, en Juin, dévore l'arbre qu'elle attaque et cause beaucoup de dégâts, si c'est un arbre fruitier. Sur les pruniers, les poiriers, les abricotiers, etc.

Tribus LITHOSIDES.

Genus EUCHELIA Bdv.

131. **Jacobæ** L., Bdv. 458. Mai, Juin. Partout. La chenille, en Juillet, Août, Septembre. Se nourrit de *Senecio vulgaris*. Passe l'Hiver en chrysalide.

Genus EMYDIA Bdv.

132. **Cribrum** L., Bdv. 462. Juillet. Landes. Le Haillan, Pessac. La chenille, Mai, Juin. Sur les graminées.

(23)

* Var. *Candida* Ochs., Bdv. Mai, Juin, Juillet. Lieux arides, rochers, terrains calcaires. Fargues, Bouliac, Floirac. La chenille, en Mai, Juin, sur les graminées.

133. **Grammica** L., Bdv. 465. Juin, Septembre. Prairies, champs de genêts. Pessac, etc. La chenille, d'Avril à Juillet, sur le *Genista tinctoria*. Se nourrit encore d'*Artemisia*, *Galium verum*, *Urtica urens*, *Lamium album*, *Prunus spinosa*.

Genus LITHOSIA Bdv.

134. **Quadra** E., Bdv. 468. Juillet, Août et Septembre. Bois de chênes, en battant ou à la miellée. Pessac, Mérignac, Lormont. La chenille, difficile à élever, en Mai, sur les chênes.

* 135. **Griseola** Hub., Bdv. 469. Juin. Partout. La chenille, en Mai..

136. **Complana** L., Bdv. 470. Juillet. Champs de genêts. Gradignan

137. **Complanula** Bdv. 471. Juin, Juillet. Partout.

* 138. **Depressa** Esp., Bdv. 475. Mai, Juillet. Dans les bois. Pessac.

* 139. **Luteola** Hub., Bdv. 479. Bois taillis. Pessac.

* 140. **Aureola** Hub., Bdv. 481. Juin. Dans les bois. Mérignac, Gradignan.

* 141. **Muscerda** Hub., Bdv. 482. J'ai pris deux fois cette Lithosie à Pessac, dans des bois de chênes, en Juin.

* 142. **Rosea** F., Bdv. 484. Juin, Juillet. A Pessac, en battant les haies.

143. **Mesomella** L., Bdv. 485. Juin, Juillet, Août. Partout. En battant les arbres et les haies.

Genus NACLIA Bdv.

144. **Ancilla** L., Bdv. 493. Juillet. Dans les bois. Pessac. La chenille, en Mai et Juin, se nourrit des lichens des pierres et des arbres.

Genus NUDARIA Bdv.

* 145. **Murina** Esp., Bdv. 500. Août. Sur les murs des maisons. Partout. La chenille, Avril, Mai, Juin. Très-difficile à élever. Se nourrit de lichens des murs *(Placodium)*.

XVI. Tribus CHELONIDES.

Genus CALLIMORPHA Bdv.

146. **Dominula** L., Bdv. 501. Mai à Juillet. Dans les bois. Pessac, Gradignan, Mérignac. La Chenille passe l'Hiver. Mars, Avril, sur les *Quercus robur, Salix capræa, Lamium album, Borrago offinalis, Anchusa officinalis*.

147. **Hera** L., Bdv. 503. Juillet, Août. Les haies. Partout. La chenille, en Avril, Mai. Sur les orties, les plantains et diverses plantes basses.

> Var. *A. (Alis posticis luteis)*. Juillet. Cette remarquable variété, pour la Gironde, a été prise une seule fois, par M Hector Gaujac, à Castelnau (Médoc).

Genus NEMEOPHILA Steph. Bdv.

148. **Russula** L., Bdv. 507. Août. Taillis, broussailles. Gradignan, Bassens, Pessac, etc. La ♀ ne s'élevant que difficilement, est très-rare. La chenille, en Mai, Juin et Juillet, sur les *Plantago major* et *lanceolata, Stellaria media, Taraxacum officinalis, Scabiosa arvensis* et les *Rumex*.

Genus CHELONIA Lat., Bdv.

149. **Civica** Hub., Bdv. 512. Mai, Juin, les haies, les broussailles des landes. Pessac, le Bouscat. La chenille passe l'Hiver engourdie. Avril, Mai, dans les broussailles. Se nourrit de *Cichorum intybus, Plantago, Stellaria media, Lamium album*.

150. **Villica** L., Bdv. 515. Mai, Juin. Les haies, les broussailles. A Bassens, Bouliac, etc., etc. La chenille passe l'Hiver engourdie. Mars, Avril, Mai. Se nourrit d'*Urtica urens, Lamium album, Stellaria media*, etc.

151. **Purpurea** L., Bdv. 521. Juin, Juillet. Les haies et les vignes. Bruges, Talence, etc., etc. La chenille passe l'Hiver. Très-commune sur la vigne, en Mai. Elle se nourrit aussi de *Galium verum* et *mollugo, Anchusa officinalis, Lamium album, Salvia pratensis*.

152. **Caja** Bdv. 522. Mai, Juin, Août. Partout. La chenille, en Mars, Avril, Juin, Juillet; est polyphage.

Beaucoup de variations dans les dessins, mais pas assez tranchées pour constituer des variétés.

* 153. **Hebe** L., Bdv. 524. Mai. J'ai vu une seule fois cette Chélonie vivante; on m'a assuré l'avoir prise dans les coteaux arides du Blayais.

Genus ARCTIA Bdv.

154. **Fuliginosa** L., Bdv. 529. Mai. Contre les murs, les bords des chemins. Pessac, Bruges. La chenille est polyphage. En Avril, sur les *Urtica*, les *Rumex* et les *Taraxacum*.

155. **Lubricipeda** F , Bdv. 532. Juin, Juillet. Dans les bois, en battant. Gradignan. La chenille, de Juillet à Octobre. Sur les *Rubus idæus*, *Urtica urens*, etc.

156. **Menthastri** F.. Bdv. 534. Juillet. Partout. La Chenille, Août et Septembre. Sur les *Taraxacum officinalis*, *Mentha rotundifolia*, *Urtica urens*, *Lamium album*, *Plantago major*.

157. **Mendica** L., Bdv. 535. Mai, Août. Prairies, jardins. Partout. La Chenille, Juillet et Septembre, est polyphage.

XVII. Tribus LIPARIDES.

Genus LIPARIS Ochs., Bdv.

* 158. **Monacha** L., Bdv. 541. Juillet. Dans les bois. Castelnau, Cestas, Gradignan, Léognan. La chenille, en Juin, sur le chêne.

159. **Dispar** L., Rdv. 542. Juillet. Bois de chênes, promenades plantés d'ormes. Partout. La chenille. Mai, Juin. Sur les *Quercus robur*. *Ulmus campestris*, *Populus*, *Platanus orientalis*.

160. **Salicis** L., Bdv. 544. Juin, Juillet, Août et Septembre. Lieux plantés de saules et de peupliers. Partout. La chenille, en Mai et ensuite en Juillet et Août. Sur les *Populus* et *Salix*.

161. **Auriflua** F., Bdv. 545. Juillet. Les haies et les bois. Partout. La chenille passe l'Hiver en société, en Mai et Juin, sur les *Quercus robur*, *Salix*, *Prunus*, *Cratægus*.

162. **Chrysorrhea** L., Bdv. 546. Juillet. Les haies, les jardins, les promenades. Partout. La chenille, en Mai et Juin, sur les arbres des promenades, des jardins et des vergers.

Genus ORGYA Bdv.

* 163. **V. Nigrum** L., Bdv. 547. Juillet. Très-rare. La chenille, en Mai, sur les chênes.

164. **Pudibunda** L., Bdv. 549. Avril. Dans les bois de chênes, les endroits plantés de saules. Partout. La chenille, en Juillet, Août et Septembre, sur les *Quercus robur, Ulmus campestris. Salix, Tillœa Europœa.*

* 165. **Fascelina** L., Bdv. 551. Août. Dans les champs de genêts et de bruyères. Pessac, Cestas, etc. La chenille, sur les *Erica vulgaris, Genista,* et au besoin se nourrit de *Prunus spinosa* et *Taraxacum officinalis.*

166. **Coryli** L., Bdv. 552. Avril, Mai, Juillet, Août. En battant les bois de chênes. Pessac, Gradignan, le Bouscaut, etc. La chenille, en Juin et Septembre, sur les *Quercus robur, Carpinus betulus, Cratœgus oxyacanthœ* et *pyracanthœ.*

167. **Gonostigma** L., Bdv. 554. Juin, Août et Septembre. Sur les ormes et les chênes. La chenille, en Avril et Mai, Juillet et Août, sur les chênes et les ormeaux des promenades.

168. **Antiqua** L., Bdv. 555. Mai à Août. Haies, vergers, jardins, sur les arbres fruitiers, les ormes, etc. Partout. La chenille, en Avril, Mai, Juin, Juillet, sur les arbres fruitiers et le *Rubus fruticosus.*

XVIII. Tribus BOMBYCINI.

Genus BOMBYX Bdv.

169. **Neustria** L., Bdv. 563. Juin, Juillet. Sur les ormes, les arbres fruitiers, etc. Partout. La chenille, en Mai et Juin, sur les *Prunus spinosa, Cratœgus* et *Ulmus,* etc.

* 170. **Castrensis** L., Bdv. 564. Juillet. Landes, bruyères. Facture, Saint-Médard, Cestas. La chenille vit isolée, après avoir passé l'Hiver en famille. Mai, Juin, sur les *Erica vulgaris.*

171. **Lanestris** L,, Bdv. 566. Février, Mars. Haies de *Prunus spinosa.* Le Bouscaut, Bouliac, Fargues.

Jamais je n'ai pris l'insecte parfait. La chenille se trouve en famille, au mois de Mai, dans les endroits cités plus haut, sur les *Prunus* et les *Cratœgus.* La chrysalide reste quelquefois quatre ans à éclore. L'éclosion de la deuxième année est *toujours* la plus forte ; il n'y en a qu'*une seule* par an, qui est toujours fin *Février* et *Mars*.

172. **Everia** F., Bdv. 567. Octobre. Sur les haies. Partout. La chenille, très-abondante sur les haies de *Prunus*, *Cratægus*, *Pyrus*, *Quercus*, etc. Avril et Mai.

Comme le *Lanestris*, l'*Everia* ne paraît qu'une fois, et la chrysalide reste *trois*, *quatre* et *cinq ans sans éclore*.

173. **Pityocampa** F., Bdv. 571. Juillet. Bois de pins. Pessac, Mérignac, La Teste, etc. La chenille, en familles nombreuses, sur le *Pinus maritima*. Avril et Mai.

Cette chenille, ainsi que la suivante, doit se toucher avec beaucoup de précaution, car les poils qui se détachent très-facilement, entrent dans l'épiderme et occasionnent une grande inflammation.

174. **Processionea** L., Bdv. 573. Juillet. Bois de chênes. Partout. La chenille, en Mai et Juin, sur le *Quercus robur*, en famille. La chrysalide, dans la toile du nid des Chenilles.

175. **Cratægi** L., Bdv. 574. Août. Haies, broussailles. Partout. La chenille, Avril et Mai, sur les *Cratægus* et *Prunus*.

176. **Populi** L., Bdv. 576. Octobre, Novembre. Bois de chênes. Pessac. La chenille, en battant, en Mai, sur le *Quercus robur*.

• 177. **Dumeti** L, Bdv. 577. Novembre. Taillis des landes. Blanquefort. La chenille, en Mai, Juin et Juillet, sur les *Taraxacum officinalis*, *Hieracium pilosella*.

J'ai pris une seule fois un *Dumeti* ♀ ; malgré tous mes soins, je n'ai pu sauver la ponte ; à la troisième mue, les petites chenilles ont refusé toute nourriture.

178. **Rubi** L., Bdv. 579. Mai, Juin. Prairies, bois, champs. Partout. La chenille, en Septembre et Octobre.

Prises à cette époque, on ne peut pas les sauver ; à l'Automne, elles refusent la nourriture et meurent d'inanition. Au contraire, celles prises en Mars réussissent parfaitement en leur donnant des *Rubus* et des *Trifolium*.

179. **Quercus** L., Bdv. 581. Juin, Juillet, Août. Les champs, les jardins, les bois, les prairies. Partout. La chenille a passé l'Hiver, Avril, Mai et Juin, sur les *Rubus fruticosus*, *Prunus*, *Cratægus*, *Quercus*, *Genista*.

Var. *Guillemotii* Nob. Comme le type.

Cette variété ♂ ♀, trés - remarquable, remplace, dans la Gironde, presque complètement le type du Nord; elle consiste dans le ♂, en ce que la bande des ailes inférieures est complètement jaune sans bordure rousse, et dans la ♀, la teinte du fond est roussâtre et non jaune, elle n'est pas plus grande que le ♂.

Je me fais un véritable plaisir de dédier cette variété à mon honorable collègue et correspondant, M. Guillemot, de Thiers, qui, le premier, a appelé l'attention sur elle.

180. **Trifolii** F., Bdv. 532. Juin. Juillet. Vole au crépuscule. Pessac, Bouliac, etc. La chenille, en Mai, sur la vigne. Elle mange aussi des *Trifolium*, *Medicago sativa*, *Mellilotus officinalis*, *Genista tinctoria*.

Var. *Medicaginis* Hub. Bdv. Comme le type. Rare.

Genus ODONESTIS Germ.

181. **Potatoria** L., Bdv. 584. Juin, Juillet, Août. Bois humides, bords des ruisseaux. Bouliac, le Bouscaut, Bègles, etc. La chenille, Mai, Juin, sur les *Bromus* et *Alopecurus agrestis*.

Genus LASIOCAMPA Lat.

182. **Pini** L., Bdv. 585. Juin, Juillet. Grands bois, bois de pins. Saint-Médard, le Vigean. La chenille, en Mai, sur le *Pinus maritima*. Le cocon, contre les pins, en Mai. Le type du *Pini*, de la Gironde, est très-foncé et très grand.

183. **Pruni** L., Bdv. 586. Juillet, bois de chênes, vergers. Pessac, le Bouscaut. La chenille, Avril à Juillet, sur les *Quercus robur*, *Prunus*, *Ulmus*, *Pyrus*.

Aucune variété dans l'insecte parfait. M. Hector Gaujac a trouvé une fois la variété de la chenille à collier bleu-noir et bande rose.

184. **Quercifolia** L., Bdv. 587. Juillet. Les jardins, les vergers. Partout. La chenille, en Mai, sur les arbres fruitiers, le chêne, le Prunelier, etc.

185. **Populifolia** F., Bdv. 588. Juillet. Lieux plantés de peupliers. Courrégean, Blanquefort, etc. La chenille, en Mai et Juin, en battant les peupliers.

XIX. Tribus SATURNIDES.

Genus SATURNIA Schranck, Bdv.

186. **Pyri** Bork., Bdv. 596. Jardins, promenades, vergers. Avril, Mai. Partout. La chenille, Juillet et Août, sur les *Prunus domestica, spinosa, armenica, Pyrus malus, Ulmus campestris, Laurus nobilis, Amigdalus communis, Cratægus, Salix,* etc.

187. **Carpini** Bork., Bdv. 598. Avril, Mai. Haies, bruyères. Gradignan, Lamothe, Cestas. La chenille, Juillet, sur l'*Erica vulgaris.* Elle se nourrit aussi de *Prunus spinosa, Carpinus betulus, Rosa arvensis, Rubus fruticosus, Salix.*

XX. Tribus ENDROMIDES.

Genus ENDROMIS Ochs., Bdv.

* 188. **Versicolor** L., Bdv. 601. Ce beau lépidoptère a été trouvé une seule fois, près du Haut-Brion (Pessac), par M. de Vios, en Mars. Les auteurs donnent la chenille en Juin et Juillet, sur les *Corylus avelana, Alnus glutinosa, Tillæa Europæa, Salix, Ulmus campestris.*

XXI. Tribus ZEUZERIDES.

Genus COSSUS Bdv.

189. **Ligniperda** F., Bdv. 602. Juin. Promenades et plantations d'ormes, de chênes, de saules. La chenille, toute l'année, dans le tronc de ces arbres. Cette chenille vit trois ans avant de se transformer en chrysalide. On peut l'élever avec du son de chêne, de saule, ou avec une pomme dont on a ôté les pépins. Ce papillon est remarquable par l'odeur très-forte qu'il exhale et qui aide à le découvrir.

Genus ZEUZERA Lat., Bdv.

190. **Æsculi** L., Bdv. 606. Juin, Juillet, Août. Partout rare, commune aux environs de Blaye. La chenille, en Mai. Je l'ai trouvée dans l'intérieur d'une branche de marronnier (*Æsculus hippocastanum*), elle se trouve aussi sur les *Ulmus campestris, Pyrus vulgaris, Quercus robur.*

Genus HEPIALUS F., Bdv.

* **191. Carnus** F., Bdv. 611. Juillet. Mérignac. Cette jolie Hépiale a été prise par M. Bureau. Je n'ai pas entendu dire qu'elle ait été prise d'autres fois dans la Gironde.
192. Sylvinus L., Bdv. 612. Mai, Juin, Juillet. Bois, prairies, au crépuscule. A Pessac, le Bouscaut.
* **193. Lupulinus** L., Bdv. 614. Août. Bois de chênes. Le Bouscaut, Moulon.

XXII. Tribus PSYCHIDES.

Genus PSYCHE Sch., Bdv.

194. Muscella F., Bdv. 631. Avril Vole au soleil, sur les chemins sablonneux. Pessac.
* **195. Villosella** Och., Bdv. 640. Juin, Juillet. Partout. La chenille, en Mai, sur les lichens des murs *(Placodium)*.
* **196. Graminella** W., Bdv. 644. Juin, Juillet. Partout. La chenille, contre les murs, les clôtures, etc., en Mai.
> Les *Psyche* exigeant une étude spéciale, demandent beaucoup de temps ; je n'ai pu les étudier à fond. Notre département doit renfermer bien d'autres espèces que les trois ci-dessus.

XXIII. Tribus COCLIOPODES.

Genus LIMACODES Lat., Bdv.

197. Testudo G., Bdv. 643. Juillet. Dans les bois de chênes, en battant. Pessac, le Bouscaut. La chenille, en Septembre et Octobre, en battant le chêne.

XXIV. Tribus DREPANULIDES.

Genus CILIX Leach., Bdv.

198. Spinula Hub., Bdv. 644. Mai et Juin, Septembre. Vole au crépuscule, sur les haies. La chenille, en Avril et Juillet, sur les *Prunus spinosa, Carpinus betulus, Cratægus oxyacantha et pyracantha*.

Genus PLATYPTERYX Lasp., Bdv.

199. Curvatula Lasp., Bdv. 647. Mai, Juillet. Dans les bois de chênes, les haies d'aulnes. A Pessac, Mérignac. La chenille, en Juin, Octobre, sur les *Quercus robur* et *Alnus glutinosa*.

200. **Hamula** Esp., Bdv. 649. Mai, Juillet. Dans les bois de chênes. A Pessac, Mérignac. La chenille, en Juin et Octobre, sur les *Quercus robur*.

XXV. Tribus NOTODONTIDES.

Genus DICRANURA Lat., Bdv.

201*. **Bifida** L., Bdv. 653. Mai, Juin, Août, Septembre. Bord des ruisseaux, lieux plantés de saules et de peupliers. Partout. La chenille, en Juillet et Octobre. Rare.

202. **Furcula** L., Bdv. 655. Mai, Juin, Août, Septembre. Mêmes localités que le *Bifida*; moins rare. Les chenilles de ces deux *Dicranura* sont très-souvent ichneumonées.

203. **Erminea** Esp., Bdv. 656. Mai, Juin, Septembre. Lieux plantés de peupliers et de saules. Bègles, Courrégean, etc. La chenille, Août, Octobre, sur ces arbres.

204. **Vinula** L., Bdv. 657. Mai, Juin, Septembre. Mêmes localités que l'*Erminea*.

MM. Serisié frères, entomologistes de Bordeaux, ont obtenu sept hybrides *Vinula-Erminea*. M. Guillemot, de Thiers, a écrit un rapport sur ce fait, dans les *Bulletins de la Société entomologique de France*.

Genus HARPYA Ochs., Bdv.

205. **Fagi** L., Bdv. 659. Mai à Août. Bois de chênes, en battant. Pessac, le Bouscaut, etc. La chenille, en Juin, Juillet, Août et Septembre, en battant les chênes.

* 206. **Milhauseri** F., Bdv. 660. Mai, Juin. Bois de chênes, garennes, chênes qui bordent les routes. Pessac, Gradignan, etc. La chenille, en battant, en Septembre, sur ces arbres. La chrysalide se trouve très-communément, mais vide.

Genus PTILODONTIS St., Bdv.

207. **Palpina** L., Bdv. 665. Avril, Août. Vole au crépuscule. Dans les prairies, les marais. A Bouliac, Bruges, Blanquefort. La chenille, en Juillet et Octobre, sur les *Populus* et *Salix*. La chrysalide, aux pieds de ces arbres.

Genus NOTODONTA Ochs., Bdv.

208. **Camelina** F., Bdv. 666. Mai, Juin, Août. En battant les bois de chênes. Pessac, Gradignan. La chenille, Juin, Octobre, sur les *Quercus robur*, *Ulmus campestris*. *Alnus glutinosa*.

209. **Dictæa** L., Bdv. 669. Mai, Juillet, en battant les peupliers La chenille, en Juin et Septembre, sur les *Populus* et les *Salix*.

* 210. **Dromedarius** L., Bdv. 671. Juillet. En battant les bois de chênes. Pessac, Gradignan, etc. La chenille, de même, en Avril, Mai, sur les *Quercus robur*.

211. **Tritophus** F., Bdv. 672. Mai, Août. Contre les peupliers, en plaine. Partout, rare. La chenille, en Juillet et Septembre, se nourrit de peupliers, spécialement du *Populus pyramidalis*.

212. **Zigzac** L., Bdv. 673. Mai, Août. Oseraies, bords des ruisseaux. Bègles, Bruges, Bautiran. La chenille, en Juillet et Septembre, même localité, sur les saules, peupliers, osiers, etc.

213. **Trepida** F., Bdv. 675. Avril, Mai. En battant les bois de chênes. Pessac, le Bouscaut, etc. La chenille, de même, en Juin et Juillet.

* 214. **Velitaris** Esp., Bdv. 677. Mai, Juin, Juillet. En battant les bois de chênes. Pessac, le Bouscaut. La chenille, en Juin, Juillet, Août.

215. **Querna** W., Bdv. 681. Mai, Juin. La chenille, en Juillet, Août. Mêmes localités que les précédents.

216. **Chaonia** Hub., Bdv. 682. Avril, Mai. En battant les chênes. La chenille, Juin, Juillet.

* 217. **Dodonea** W., Bdv. 683. Avril, Mai. En battant les chênes. La chenille, Juin, Juillet, sur les *Quercus*.

Genus DILOBA Bdv.

218. **Cœruleocephala** L., Bdv. 687. Octobre. Sur les haies. Partout. La chenille, en Mai, sur les haies de *Prunus spinosa*, *Cratægus oxyacantha*.

Genus PYGERA Bdv.

219. **Bucephala** L., Bdv. 688. Mai. Vergers, prairies, bois. Partout. La chenille, en Septembre, sur les *Quercus robur*, *Populus*, *Ulmus campestris*. *Tillæa Europea*. La chrysalide, tout l'Hiver, aux pieds de ces arbres.

Genus CLOSTERA Hoff., Bdv.

220. **Curtula** L., Bdv. 690. Mai, Juillet. Oseraies, lieux plantés de saules et de peupliers. La chenille, en Mai, Juin, Septembre, Octobre, sur les *Populus* et les *Salix*.

221. **Anachoreta** F., Bdv. 691. Avril, Juillet. Lieux plantés de saules, bords des ruisseaux. Bègles, La Bastide. La chenille, Mai, Juin, Août, Septembre. sur les *Salix* et les *Populus*.

222. **Reclusa** F., Bdv. 692. Mai, Juillet et Août. En battant les chènes. Au Bouscaut.

NOCTUÆ.

XXVI. Tribus NOCTUOBOMBYCINI.

Genus CYMATOPHORA Bdv.

223. **Ridens** F., Bdv. 695. Mai. En battant les bois de chênes. Pessac, etc. La Chenille, en Septembre, sur le *Quercus robur*.

* 224. **Octogesima** H., Bdv. 696. Avril, Août. A la miellée. Bords des ruisseaux, des rivières. Bruges, La Bastide, Lormont, etc. La Chenille, Juin, Juillet, Septembre, Octobre. En battant les peupliers.

* 225. **Or** F., Bdv. 697. Avril, Août. A la miellée. Bords de la Garonne, de la Dordogne, Lormont, Moulon. La Chenille, en battant les peupliers, en Juin, Juillet, Septembre.

* 226. **Bipuncta** Bork., Bdv. 702. Avril, Mai, Août. En battant les bois de chênes, aux bords des ruisseaux. Pessac, etc. La Chenille, Juin, Juillet, Août, Septembre sur les *Populus*, *Alnus glutinosa*.

Genus PLASTENIS Bdv.

* 227. **Subtusa** Bdv. 705. Juillet. Aux bords des ruisseaux, des riviè-res. La Chenille, en Juin; sur les peupliers.

XVIII. Tribus BOMYCOIDES.

Genus ACRONYCTA Ochs., Bdv.

228. **Leporina** L., Bdv. 707. Avril, Mai, Juin, Août, Septembre. En battant les peupliers, et à la miellée, aux bords des ruisseaux.

Lormont, allées de Boutaut, Blanquefort, etc. La Chenille,
Juillet, Août, Octobre, Novembre. Sur les *Populus, Salix, Alnus
glutinosa*.

229. **Aceris** L., Bdv. 708. De Mai à Août. En battant les bois de
chênes. A Pessac, etc. La Chenille, Juillet, sur les *Quercus robur,
Ulmus campestris, Tillæa europæa*.

230. **Megacephala** F., Bdv. 709. De Juin à Août, Octobre. A la
miellée. Bords des ruisseaux, des rivières. La Chenille, Juillet,
Août, Septembre, en battant les peupliers, les saules.

231. **Ligustri** F., Bdv. 711. Avril. En battant les chênes. La Chenille,
Juin, Juillet, sur les *Ligustrum vulgare* et *Lonicera*.

232. **Tridens** F., Bdv. 713. Avril, Mai. Promenades plantées d'ormes,
vergers. Partout. La chenille, Juillet, Août, sur *Ulmus campestris, Cratægus oxyacantha* et *pyracantha, Prunus spinosa,
Pyrus vulgaris*.

233. **Psi** Esp., Bdv. 714. Juin, Juillet, Août. Promenades, vergers.
Partout. La Chenille, en Juillet, sur les *Ulmus campestris, Pyrus
vulgaris. Prunus domestica* et *spinosa*.

234. **Auricoma** F., Bdv. 717. Avril, Mai, Juin. En battant les chênes. A Pesac, La Chenille, en Juillet, sur les *Rumex, Plantago,
Rubus, Salix caprea*.

235. **Rumicis** L., Bdv. 718. Avril, Mai, Août. Partout. La Chenille,
Juin, Juillet, fin Août, Septembre, sur les *Rubus, Rosa, Rumex,
Polygonum*, etc.

236. **Euphorbiæ** F., Bdv. 719. Mai. En battant les chênes. La Chenille, en Juillet, sur diverses espèces d'euphorbes.

237. **Euphrasiæ** Bork., Bdv. 720. Mai, Août, en battant les chênes.
A Pessac, etc. La Chenille, sur les *Euphorbes*, sur les *Euphra-
sia officinalis, Rubus, Cratægus*, etc.

Genus DIPHTERA Ochs., Bdv.

238. **Orion** Esp., Bdv. 724. Mai, Juin. Bois de chênes et chênes isolés.
Pessac, Toctoucau, etc. La Chenille, en Juillet, sur les chênes.
L'insecte parfait est souvent remarquable par sa grandeur.

Genus BRYOPHILA Tr., Bdv.

239. **Glandifera** W. V., Bdv. 725. Juillet, Août, Septembre, contre les
vieux murs, les arbres des promenades. A la miellée. Partout.

La Chenille, Avril et Mai, sur les lichens des murs, spécialement sur les *olivacea*, *grisea*, *parietina*.

240. **Perla** F., Bdv. 726. Août. A la miellée. Estey de Bègles. Je n'ai
pris cette *Briophila*, qui est si abondante dans certaines contrées,
qu'une seule fois.

· 241. **Algæ** F., Bdv. 729. Juillet. Contre les arbres. Très-rare.

· 242. **Ereptricula** 732. Juillet, Août. Contre les vieux arbres.

· 243. **Receptricula** Hub., Bdv. 733. Juillet, Août. Comme la précédente. Toutes les deux très-rares.

XXVIII. Tribus AMPHIPIRIDES.

Genus GONOPTERA Lat., Bdv.

244. **Libatrix** L., Bdv. 739. Toute l'année. Partout. A la miellée. La
Chenille, Juin, Juillet, Septembre. Sur les *Populus* et les *Salix*.

Genus AMPHIPYRA Ochs., Bdv.

245. **Pyramidea** L., Bdv. 745. Août. A la miellée, lieux plantés de
saules. La chenille, en Mai, sur les saules.

Genus MANIA Tr., Bdv.

246. **Maura** L., Bdv. 750. Juin, Juillet. Lieux obscurs et humides,
dessous des ponts. A la miellée. Bouliac, Bruges, etc. La chenille, Avril, Mai. Sur les *Alnus glutinosa*, *Salix*, *Rumex*, *Prunus spinosa*.

· 247. **Typica** L., Bdv. 751. Juillet, Août. Comme le précédent. La
chenille, en Mai. Sur les *Salix*, *Urtica urens* et *dioica*, *Rumex*,
Cynoglossum.

Genus RUSINA Steph., Bdv.

· 248. **Tenebrosa** Hub., Bdv. 752. Mai, Juin, Juillet. Landes. Pessac. A la miellée.

XXIX. Tribus NOCTUIDES.

Genus SEGETIA Steph. Bdv.

· 249. **Xanthographa** F., Bdv. 753. Août, Septembre. Prairies,
jardins. A la miellée. Partout. La chenille, en Mars. Difficile à
élever. Sur les gramminées, spécialement sur le *Lobium perenne*.

Genus CERIGO Steph., Bdv.

250. **Cytherea** F., Bdv. 755. Août, Septembre. A la miellée. Les marais, bords des rivières, Bruges, Lormont, etc.

Genus TRIPHÆNA Tr., Bdv.

251. **Linogrisea** F., Bdv. 756. Juin. Bois taillis. Pessac, Gradignan. La chenille, sous les feuilles de chênes, en Février, commencement de Mars. Se nourrit de *Rumex* et de *Primula officinalis*.

252. **Interjecta** Hub., Bdv. 758. Juillet, Août, Septembre. En battant les haies. A la miellée. Bouliac, Floirac, etc.

253. **Janthina** F., Bdv. 759. Mai à Août. En battant les haies. Bouliac, Floirac, etc. La chenille se cache sous les broussailles. Mars, Avril. Sur l'*Arum maculatum*.

254. **Fimbria** L., Bdv. 760. Juin, Juillet, Août. Dans les bois, les haies. Pessac, le Bouscaut, Bouliac, etc. La chenille, sous les feuilles, dans les bois. Février, Mars, Avril. Se nourrit de *Primula officinalis*, *Rumex*, *Solanum tuberosum*.
Beaucoup de variétés dans l'insecte parfait.

255. **Orbona** F., Bdv. 761. Juin à Septembre. Partout. La chenille, Février, Mars, Avril. Sous presque toutes les plantes basses.

256. **Pronuba** L., Bdv. 763. Juin à Octobre. Partout, très-commune. La chenille, Mars, Avril. Sur les *Primula*, *Senecio*, *Rumex*, *Crucifères*, etc.
L'insecte parfait varie beaucoup.

Genus CHERSOTIS Bdv.

257. **Porphirea** Hub., Bdv. 769. Juin, Juillet. Dans les bois, les bruyères. A la miellée. Pessac, etc. La chenille, fin Automne, sur les *Erica vulgaris* et *cinerea*.

258. **Agathina** Dup., Bdv. 770. Juillet. Dans les bois. A la miellée. A Pessac, etc. La Chenille, fin Automne. Sur les *Erica vulgaris* et *cinerea*.

259. **Ærithrina** Bdv. Juin. A la miellée. Dans les bois. Pessac, Gradignan, etc.

260. **Plecta** L., Bdv. 772. Avril, Août, Septembre. Les marais, les bords des rivières, des ruisseaux. A la miellée. Bruges, Lormont.

La chenille, Juillet, Septembre. Sur les *Cichorum intybus*, *Polygonum*, *Galium verum*.

*. 261. **Leucogaster** Tr., Bdv. 773. Août, Septembre. Comme le *Plecta*, mais beaucoup moins abondant. Bruges, Blanquefort.

Genus NOCTUA Tr., Bdv.

262. **C. Nigrum** L., Bdv. 777. Août, Septembre. Partout. A la miellée. Lormont, Blanquefort, etc. La chenille, Avril, Mai, Juin. Sur l'*Urtica urens*, et le *Lonicera*.

* 263. **Bella** Bork., Bdv. 785. Septembre. Marais. Blanquefort. A la miellée.

264. **Dahlii** Hub., Bdv. 791. Août. Marais. Blanquefort. A la miellée.

* 265. **Baja** F., Bdv. 795. Fin Juillet.

Genus SPÆLOTIS Bdv.

* 266. **Ravida** Hub., Bdv. 799. Juin. Partout.

Genus AGROTIS Ochs., Bdv.

* 267. **Agricola** Hub., Bdv. 820. Août. J'ai pris l'*Agricola* une seule fois, dans un jardin, à la miellée, près de Bègles.

268. **Saucia** Hub., Bdv. 821. Septembre. Les prairies, les jardins. A la miellée. Lormont, Bruges, etc. La chenille se nourrit des racines de graminées.

Var. *Æqua* Hub., Bdv. Septembre. Vole avec le type.

269. **Suffusa** F., Bdv. 822. Septembre. Les prairies, les jardins. Lormont, Bruges. A la miellée.

270. **Segetum** W. V., Bdv. 823. Avril, Août, Septembre. Prairies, jardins. Partout. A la miellée. La chenille se nourrit des racines de *Triticum sativum* et de quelques autres plantes.

* 271. **Trux** Hub., Bdv. 826. Juin. A la miellée. Rare. La chenille est poliphage. Avril, Mai.

272. **Exclamationis** L., Bdv. 827. Avril, Août, Septembre. Les marais, le long des ruisseaux. Lormont, Bruges. La chenille, Juin, Octobre. Sur le *Senecio vulgaris*.

273. **Corticea** W. V., Bdv. 829. Juillet. A la miellée. Bègles, etc.

274. **Tritici** L., Bdv. 836. Juillet. A la miellée. Les prairies, le long des rivières. Lormont, etc.

275. **Obelisca** W. V., Bdv. 840. Septembre. Les marais, bords des rivières. A la miellée. Bruges, Lormont, etc. La chenille, en Avril. Sur les plantes basses, les *Rumex*, etc.

· 276. **Aquilina** W. V., Bdv. Juillet, Août. Vole sur les valérianes, au crépuscule. Partout. La chenille, en Avril. Sur le *Cichorum intybus*.

· Var. *Villa*. Pessac, comme le type.

· Var. *Rurris*. Partout, comme le type.

277. **Fumosa** F., Bdv. 846. Août, Septembre. Les marais. Bruges, Blanquefort.

· 278. **Puta** H., Bdv. 852. Avril, Août, Septembre. Les marais, bords des rivières. A la miellée. Bruges, Lormont, etc. La chenille, Mai, Septembre. Sur les graminées.

· 279. **Putris** L., Bdv. 853. Juin, Septembre. Les marais, bords des rivières. A la miellée. Lormont, Bruges, etc. La chenille, Mai, Août. Se nourrit de racines de graminées spécialement de racines de *Triticum repens*.

· 280. **Valligera** F., Bdv. 855. Septembre. *Valligera*, à ma connaissance, n'a été prise qu'une seule fois, à la miellée, dans un jardin, près de Bègles.

Genus HELIOPHOBUS Bdv.

· 281. **Popularis** L., Bdv. 864. Septembre. A la miellée. Jardins. A Moulon.

XXX. Tribus HADENIDES.

Genus LUPERINA Ochs., Bdv.

· 282. **Testacea** W. V., Bdv. 869. Mai, Août. Champs de genêts. Pessac, etc. La chenille, Juin, Octobre. Sur le *Marrubium vulgare*.

· 283. **Aliena** Hub., Bdv. 874. Août, Septembre. Dans les marais. A la miellée.

284. **Pinastri** L., Bdv. 883. Mai, Juillet, Août. Prairies, jardins, bois. A la miellée. Partout. La chenille, Avril, Octobre. Sur le *Rumex*.

· 285. **Lithoxylea** W. V., Bdv. 885. Juin. En battant les chênes. Pessac, Gradignan.

· 286. **Polyodon** L., Bdv. 886. Juin, Juillet. En battant les bois de chênes. Pessac, Gradignan.

· 287. **Conspicillaris** L., Bdv. 887. Avril, Mai. En battant les bois de chênes. Pessac, etc.

Var. *Melaleuca* Bdv. Comme le type.

· 288. **Basilinea** F., Bdv. 892. Mai. En battant les bois de chênes.

· 289. **Gemina** T., Bdv. 893. Septembre. Endroits marécageux. Blanquefort. A la miellée.

* Var. *Secalina* Hub., Bdv. Avec le type.

· 290. **Didyma** Bork., Bdv. 895. Mai à Août. Partout. Pessac, Lormont. A la miellée. Beaucoup de variétés.

Genus APAMEA Bdv.

291. **Strigilis** L., Bdv. 901. Août. Partout. A la miellée ou sur les fleurs.

Var. *Latruncula* Step. Comme le type.

· 292. **Suffuruncula** T., Bdv. 902. Août, Pessac. A la miellée.

· 293. **Furuncula** W. V., Bdv. 603. Juin, Juillet, Août. A Pessac, Gradignan, Mérignac, etc. A la miellée.

Var. *Terminalis* W. V., Bdv. Comme le type.

Genus HADENA T., Bdv.

· 294. **Lutulenta** W. V., Bdv. 911. Octobre. Dans les jardins, les champs de genêts. A la miellée. A Moulon. Sur les raisins. La chenille, en Mai. A passé l'hiver engourdie, sur les *Genista tinctoria* et les *Rumex*.

Var. *Sedi* Bdv. Avec le type.

· 295. **Æthiops** Ochs., Bdv. 912. Octobre. Dans les jardins, les champs de genêts. A Moulon, etc. La chenille, comme celle de *Lutulenta*.

296. **Persicariæ** L., Bdv. 913. Fin Juin. Marais. Blanquefort. La chenille, Septembre et Octobre, sur beaucoup de plantes basses, spécialement sur les *Rumex*. La chrysalide passe l'hiver.

· 297. **Brassicæ** L., Bdv. 915. Mai à Septembre. Jardins, prairies, etc. Partout. A la miellée. La chenille, Août, Septembre. Sur les *Brassica* et les *Atriplex*.

· 298. Var. *Aliena* Bdv. (**Suasa**), Mai, Juin, Septembre. Marais. Partout. A la miellée.

299. **Oleracea** L., Bdv. 917. Mai, Août. Dans les jardins, les prairies, etc. A la miellée. La chenille, Juillet et Septembre. Sur les plantes basses, spécialement sur les *Polygonum* et les *Humulus*.

300. **Chenopodii** E., Bdv. 924. Mai, Août, Septembre. Jardins, prairies. Lormont, Bègles. A la miellée. La chenille, Juillet, Septembre, Octobre. Sur les *Polygonum*, *Brassica*, *Rumex*, *Atriplex*, etc.

· 301. **Dentina** Esp., Bdv. 928. Mai, Juin, Août. Dans les bois, en battant. Pessac, etc. Dans les jardins, les prairies. A la miellée. Lormont, etc. La chenille, Mai, Juin, Septembre, Octobre. Sur le *Taraxacum officinalis*.

302. **Atriplicis** L., Bdv. 940. Juillet, Août. Dans les marais, les jardins, les prairies. A la miellée. Bègles, Lormont, Bassens. La chenille, Juillet, Août, Septembre. Très-commune dans les jardins. Sur les *Polygonum*, *Atriplex* et *Rumex*.

· 303. **Adusta** Esp., Bdv. 945. Août. Prairies, près des rivières. Lormont, Bègles, Langoiran, etc. La chenille passe l'hiver sur les plantes basses.

· 304. **Thalassina** Bork., Bdv. 949. Avril, Mai, Juin. En battant les bois de chênes. A Pessac, etc. La chenille, en Septembre. Sur les *Rumex*.

· 305. **Genistæ** Bork., Bdv. 951. Mai, Juin. En battant les bois de chênes. Pessac, etc. La chenille, Août, Septembre, Octobre. Sur les *Rumex*, dans les champs de genêts.

· 306. **Contigua** F., Bdv. 952. Mai, Juin. En battant les bois de chênes. Gradignan, etc.

· 307. **Protea** Esp., Bdv. 959. Septembre, Octobre. Dans les bois de chênes. A la miellée. Le Bouscaut.

· 308. **Roboris** Bdv. 960. Juin, Septembre, Octobre. Contre les chênes, dans les bois. A la miellée. Pessac, Gradignan, etc. La chenille en Juin. Sur le *Quercus robur*.

Var. *Cerris* Bdv. Se trouve avec le type. Très-rare.

Genus PHLOGOPHORA Tr., Bdv.

309. **Lucipara** L., Bdv. 963. Avril, Mai, Juin. En battant les bois de chênes, etc. A la miellée. Pessac, Gradignan. La chenille, en Septembre, passe l'Hiver. Elle se nourrit de *Rumex*, *Echium vulgare*, *Rubus fruticosus* et *cæsius*.

· 310. **Empyrea** Hub., Bdv. 964. Octobre. Dans les jardins, sur les raisins. Moulon, La Bastide, etc. La chenille, en Mai. En battant les haies. Elle se nourrit d'*Urtica urens* et *dioica*, de *Rumex*, etc.

311. **Meticulosa** L., Bdv. 966. Toute la belle saison Partout. La chenille, toute l'année, sur presque toutes les plantes basses , *Urtica , Rumex, Taraxacum , Artemisia , Primula*, etc.

Genus AGRIOPIS Bdv.

312. **Aprilina** L., Bdv. 980. Septembre, Octobre. Contre les chênes. Pessac, Gradignan , etc. La chenille, Mai, Juin, Juillet. Sur le *Quercus robur*. Elle se tient, le jour, dans les crevasses de l'écorce où elle est très-difficile à distinguer à cause de sa couleur.

Genus MISELIA Tr., Bdv.

313. **Oxyacanthæ** L., Bdv. 983. Octobre, Novembre. Dans les haies. Partout. Le chenille, Avril, Mai. En battant les haies. Se nourrit de *Prunus* et de *Cratægus*.
Var. *Pyracanthæ* Nob. Octobre, Novembre. Dans les haies. La Bastide , Bouliac. La chenille, en battant les haies. Avril, Mai. Sur les *Cratægus* et *Prunus*.
Diffère du type par l'absence complète de marbrure verte remplacée par une teinte rouge-brique.

Genus DIANTHŒCIA Bdv.

314. **Albimacula** Bork., Bdv. 987. Juin, Juillet. Au crépuscule, dans les jardins, sur les fleurs. Dans les champs, sur les œillets.
315. **Comspersa** W. V., Bdv. 988. Mai. En battant les chênes. A Pessac.
316. **Comta** F., Bdv. 989. Mai, Juin. Au crépuscule, dans les jardins, les champs, sur les œillets à fleurs simples.
317. **Capsincola** Esp., Bdv. 997. Mai, Août et Septembre. Au crépuscule. Dans les prairies, les champs. Sur les camomilles.
Les chenilles de ces quatre premières *Dianthœcia* vivent de Juin à Octobre, dans l'intérieur des capsules du *Lichnis dioica*.
318. **Cucubali** W. V., Bdv. 998. Août. A la miellée. Allée de Boutaut, Lormont, etc.
* 319. **Carpophaga** Bork., Bdv. 1001. Juin. En battant les bois de chênes. A Pessac, Léognan, etc.
320. **Echii** Bork., Bdv. 1003. Août. Au crépuscule. Dans les champs incultes, sur les fleurs. A Bruges, Blanquefort.

Les chenilles des *Cucubali*, *Carpophaga* et *Echii* vivent dans l'intérieur des capsules du *Silene inflata*.

Genus ILARUS Bdv.

· 321. **Ochroleuca** W. V., Bdv. 1004. Août. Dans les coteaux secs, Au crépuscule.

Treistschke dit que cette noctuelle aime à voltiger, sur les fleurs odorantes, à l'ardeur du soleil. Je n'ai jamais été à même de vérifier cette assertion. La chenille, Juin, Juillet, dans les blés.

Genus POLIA Tr., Bdv.

322. **Dysodea** W. V., Bdv. 1006. Juillet, Août. En battant les bois de chênes. Pessac, le Bouscaut. La chenille, en Avril. Sur les *Aquilegia vulgaris*, *Petroselinum sativum*, *Artemisia vulgaris*.

323. **Serena** F., Bdv. 1008. Mai, Juin. Dans les prairies, les jardins, sur les fleurs. Au crépuscule. A la miellée. La chenille, sur les *Sonchus palustris* et *Hieracium pilosella*.

· 324. **Vetula** Bdv. 1018. Août. A la miellée. Pris une seule fois à Pessac, t. r.

· 325. **Cærulescens** Bdv. 10021. Août. A la miellée. T. r.

· 326. **Ruficincta** H. Gay, Bdv. 1022. Août. A la miellée.

327. **Flavicincta** F., Bdv. 1023. Août. Dans les prairies, bords des rivières. A la miellée. La chenille, en Mai. Sur les *Salix*, *Rumex*, *Cichorum*, etc.

Genus POLYPHÆNIS Bdv.

· 328. **Prospicua** Bork., Bdv. 1033. Juin, Juillet. En battant les bois. A Pessac, le Bouscaut. La chenille, sous les feuilles, Mars, Avril. Se nourrit de *Rumex*.

Genus PLACODES Bdv.

· 329. **Amethystina** Hub., Bdv. 1036. Juillet. En battant les chênes. A Pessac, le Bouscaut. A la miellée, dans les taillis.

Genus ERIOPUS Tr., Bdv.

· 330. **Pteridis** F., Bdv. 1039. Juin, Juillet. En battant les bruyères. A Pessac, Toctoucau. La chenille, en Septembre et Octobre. Sur le *Pteris aquilina*.

Genus THYATYRA Ochs., Bdv.

331. **Batis** L., Bdv. 1041. Mai, Juin, Août, Septembre. En battant les chênes. A la miellée. Pessac, Lormont, etc. La chenille, Juillet, Août, Septembre. Sur les *Rubus*.

332. **Derasa** L., Bdv. 1042. Août, Septembre. A la miellée. Dans les prairies. Bassens. La chenille, en Septembre, sur les *Rubus*.

XXXI. Tribus LEUCANIDES.

Genus MYTHIMNA Bdv.

· 333. **Turca** L., Bdv. 1043. Juin. En battant les bois de chênes, à Pessac. A la miellée. Dans les marais. La chenille, en Avril et Mai ; passe l'hiver sous les feuilles. Se nourrit de *Briza media* et est polyphage.

Genus LEUCANIA Ochs., Bdv.

· 334. **Conigera** E., Bdv. 1044. Août, Septembre. A la miellée. Partout. Lormont, etc. La chenille, en Février. Sous les graminées.

· 335. **Albipuncta** F., Bdv. 1045. Mai, Août, Septembre. A la miellée. Partout. La chenille, en Février, Juin. Sous les graminées. Se nourrit de *Plantago*, etc.

· 336. **Lithargyria** Esp., Bdv. 1046. Août, Septembre. Partout. A la miellée. La chenille, en Février, Mars. Sous les graminées. Se nourrit de *Plantago*, *Stellaria*.

Var. *Anargyria* Bdv. Comme le type. A Lormont.

· 337. **Vitelina** Hb., Bdv. 1047. Août, Septembre. Dans les marais, les prairies humides. A la miellée. A Lormont, Bruges. La chenille, Octobre, sur les *Rumex*.

338. **Littoralis** Cur., Bdv. 1052. Juillet. Dans les dunes du cap Ferret, sur les chardons.

· 339. **Pudorina** W. V., Bdv. 1049. Juillet. Landes. Pessac, à la miellée.

340. **L. album** L., Bdv. 1056. Juin, Septembre, Octobre. Dans les marais, les prairies humides. A la miellée. Lormont, Bruges, etc. La chenille, Avril, Août. Plantes basses.

· 341. **Scirpi** Bdv. 1065. Première quinzaine de Mai. Dans les bois, à la miellée. Pessac, Gradignan.

342. **Pallens** L., Bdv. 1073. Mai, Août à Octobre. Marais, lieux humides. A la miellée. Bruges, Lormont. La chenille, Mars, Avril, Juin, Juillet. Sous les *Rumex* et *Stellaria media*.

Beaucoup d'autres Leucanies doivent exister dans la Gironde. Ce genre, ayant son habitat dans les marais, est assez dangereux à chasser de nuit, et cette chasse demande de grandes précautions.

XXXII. Tribus CARADRINIDES.

Genus GARADRINA Ochs., Bdv.

343. **Trilinea** W. V., Bdv. 1093. Mai, Juin. En battant les haies. Pessac, Cenon, etc. La chenille, Septembre, Octobre, sur *Plantago*.

* 344. **Plantaginis** Hub., Bdv. 1097. Août. Lieux humides. A la miellée. Pessac, Lormont. etc. La chenille, fin Mars. Passe l'hiver sur *Urtica* et *Plantago*.

* 345. **Respersa** W. V., Bdv. 1095. Juin. en battant les chênes, à Pessac.

* 346. **Blanda** Hub., Bdv. 1098. Mai, Août, Septembre. Partout. A la miellée.

* 347. **Taraxaci** Hub., Bdv. 1099. Juillet, Août. Lormont. A la miellée.

* 348. **Alsines** Botk., Bdv. 1100. Juillet. Bruges, Lormont. Prairies, à la miellée.

* 349. **Kadenii** Fr., Bdv. 1107. Août, Prairies, aubarèdes, etc. A la miellée. Lormont, Bègles, etc.

Var. *Flavirena* Bdv. Comme le type. Très-rare.

* 350. **Cubicularis** W., Bdv. IIII. Août. Dans les marais, à Bruges, etc. A la miellée.

XXXIII. Tribus ORTHOSIDES.

Genus ORTHOSIA Ochs., Bdv.

* 351. **Gothica** L., Bdv. 1123. Mars. Dans les haies de pruneliers, de chênes et d'aubépines. Bouliac, Floirac. La chenille, en Mai, sur les *Quercus* et les *Prunus*.

* 352. **Litura** L., Bdv. 1124. Août, Septembre. Dans les bois de Pessac, à la miellée.

* 353. **Hebraica** Hub., Bdv. 1125. Juillet, Septembre, Octobre. Dans les bois de Pessac, à la miellée. La chenille, en Mai, sur les *Rumex*, etc.

354. **Neglecta** Hub., Bdv. 1127. Août. Dans les bois de Pessac. A la miellée.

* 355. **Cœcimacula** F., Bdv. 1128. Septembre. Dans les bois de Pessac, Gradignan. A la miellée.

* 356. **Gracilis** F., Bdv. 1129. Avril. Bois de chênes. La chenille, en battant le *Quercus robur*. Mai.

* 357. Var. *Lunosa* Curt., Bdv. 1134 (**Humulis**). Septembre. Marais, Blanquefort, etc. A la miellée.

* 358. **Pistacina** F., Bdv. 1135. Septembre. Bois de chênes. Pessac, etc. L'insecte parfait varie beaucoup.

* 359. **Macilenta** F., Bdv. 1139. Septembre. Marais, lieux plantés de saules. A la miellée.

360. **Instabilis** F., Bdv. 1141. Mars, Avril. Dans les haies. Bouliac, Pessac, etc. La chenille, en Août, Septembre. Sur les *Quercus robur* et les *Cratœgus*.

Var. *Contracta* Esp., Bdv. Comme le type.

* 361. **Ypsilon** W. V., Bdv. 1142. Juillet, Août. Lieux plantés de peupliers. Gradignan. A la miellée. La chenille, sur le peuplier ordinaire.

* 362. **Lota** L., Bdv. 1144. Septembre. Dans les bois. A Pessac, La Teste, etc.

* 363. **Stabilis** Hub., Bdv. 1147, Mars, Avril. Bois de chênes. Pessac, etc. La chenille, Juin. Sur les *Quercus*, *Prunus*, *Cratœgus*.

* 364. **Miniosa** F., Bdv. 1150. Avril. En battant les chênes. Pessac, le Bouscaut. La chenille, en Septembre, sur les *Quercus*.

* 365. **Ambigua** Hub., Bdv. 1151. Mars, Avril. En battant les chênes. A Pessac. La chenille, Juin, Juillet. Sur les *Quercus*.

Genus COSMIA Ochs., Bdv.

366. **Affinis** L., Bdv. 1155. Août, Septembre. En battant les ormeaux. Bouliac, etc. La chenille, Avril, sur l'*Ulmus campestris*.

367. **Trapezina** L., Bdv. 1158. Juillet. En battant les chênes. Pessac, le Bouscaut, etc. La chenille, en Mai. Sur les *Quercus* et les *Ulmus*. Elles se dévorent entre elles.

Genus GORTYNA Ochs., Bdv.

· 368. **Micacea** Esp., Bdv. 1166. Août. Dans les marais, en battant les
fourrés. Bruges.

Genus XANTHIA Ochs., Bdv.

369. **Ferruginea** Hub., Bdv. 1174. Septembre. Bois de chênes.
Pessac. A la miellée. La chenille, Mai. Sur le *Quercus robur*.
· 370. **Rufina** L., Bdv. 1176. Septembre. Bois de chênes. A la miellée,
Gradignan, Pessac. La chenille, en Mai, sur le *Quercus robur*.
· 371. **Silago** Hub., Bdv. 1181. Octobre. Lieux plantés de saules. A la
miellée. La chenille, Avril, Mai, sur le *Salix caprea*.
· 372. **Gilvago** F., Bdv. 1183. Octobre. Partout. En battant les chênes
et les peupliers.
Var. *Palleago* Hub., Bdv. Rare. Avec le type.
· 373. **Citrago** L., Bdv. 1186. Septembre. En battant les peupliers.
Allées de Boutaut.

Genus HOPORINA Bdv.

374. **Croceago** F., Bdv. 1187. Avril, Mai, Septembre, Octobre. Dans
les bois de chênes. En frappant. Pessac, etc. La chenille, Mai,
Juin, Octobre. Sur les chênes.
Le *Croceago* a deux époques par an, contrairement à ce qu'in-
diquent les auteurs.

Genus DASYCAMPA Gue., Bdv.

· 375. **Rubiginea** W.V., Bdv. 1188. Octobre. Marais. Blanquefort, etc.
A la miellée.

Genus CERASTIS Ochs., Bdv.

· 376. **Vaccini** L., Bdv. 1191. Septembre, Octobre. Lieux plantés de
saules et de peupliers. A la miellée. En battant. La chenille, en
Mai, Juin, sur les saules et les peupliers.
J'ai pris le *Vaccini* en Mai, très-rarement ; c'étaient quelques
chrysalides en retard et non une seconde apparition.

· 377. **Spadicea** Hub., Bdv. 1191. Septembre, Octobre. Haies, buissons. Pessac, Blanquefort. La chenille, en Mai, Juin. Sur les *Prunus* et les *Cratægus*.

Var. *Ligula* Esp., Bdv. Vole avec le *Spadicea*.

·· 378. **Satellitia** L., Bdv. 1195. Septembre, Octobre. Même localité que le *Vaccini*.

XXXIV. Tribus XYLINIDES.

Genus XYLINA Tr., Bdv.

· 379. **Vetusta** Hub., Bdv. 1197. Mars, Septembre. Endroits marécageux. Bruges.

380. **Exoleta** L., Bdv. 1198. Septembre. A la miellée. Bouliac, Pessac, etc. La chenille, sur les *Urtica urens*, *Rumex*, *Genista*.

381. **Conformis** F., Bdv. 1201. Septembre. En battant les taillis de chênes, les peupliers. A Pessac.

382. **Rhizolitha** F., Bdv. 1204. Mars, Septembre. Dans les bois de chênes. Pessac. La chenille, Mai, Juin, Octobre. Sur le *Quercus robur*.

· 383. **Petrificata** F., Bdv. 1205. Mars, Septembre. En battant les peupliers. La chenille, Mai, Juin, Octobre.

· 384. **Oculata** Germ., Bdv. 1206. Septembre. A la miellée. Pessac.

Genus XYLOCAMPA Gue., Bdv.

· 385. **Lithorhiza** Bork.. Bdv. 1207. Mars. Dans les bois de chênes. Pessac, Gradignan.

Genus CLOANTHA Bdv.

· 386. **Hyperici** F., Bdv. 1209. Juin.

Genus CLEOPHANA Bdv.

387. **Linariæ** F., Bdv. 1220. Mai, Septembre. Coteaux secs. Sur les chardons. Bouliac, Fargues. La chenille, Juillet, Octobre. Sur les *Linaria*.

Genus CHARICLEA Kirby, Bdv.

388. **Delphinii** L., Bdv. 1225. Août. Les jardins, les champs. Mérignac, Caudéran, etc. La chenille, Juin, Juillet. Assez difficile à élever, à cause de sa voracité. Les chrysalides ne sont même pas à l'abri des retardataires qui les dévorent.

Genus CUCULLIA Ochs., Bdv.

' 389. **Absinthii** L., Bdv. 1233. Mai. Dans les bois de chênes. Pessac, etc. En frappant et à la miellée. Cette noctuelle a été trouvée par MM. Serisier frères.

' 390. **Tanaceti** F., Bdv. 1240. Juin. Dans les bois. A la miellée. Pessac, Gradignan.

' 391. **Umbratica** L., Bdv. 1243. Juillet. Dans les jardins, au crépuscule, sur les fleurs. A Bassens, Bouliac. La chenille, en Juin. Sur les *Sonchus arvensis*.

' 392. **Chamomillæ** W. V., Bdv. 1244. A la miellée. Pessac.

' 393. **Anthemidis** de Lorquin. Juillet, Août. Vole au crépuscule, sur les fleurs. Le Bouscat, etc.

    Cette espèce a été découverte, à Bordeaux, par M. Th. Panessac.

394. **Lactucæ** Esp., Bdv. 1245. Août. Prairies, jardins, au crépuscule, sur les fleurs. A la miellée. Bassens, Lormont. La chenille, Août, Septembre. Sur les *Sonchus arvensis* et *oleraceus*, *Taraxacum officinale*, *lactuca sativa*.

' 395. **Lychnitis** Ramb., Bdv. 1253. Juin. Pessac. La chenille, en Août. Sur le *Verbascum lychnitis*.

' 396. **Scrophulariæ** Ranb., Bdv. 1254. Avril, Mai, Juin. Bords des ruisseaux. Bègles, etc. La chenille, Juin, Juillet. Sur le *Scrophularia aquatica*.

397. **Verbasci** L., Bdv. 1255. Avril, Mai. Partout. La chenille, en Juin, Juillet. Sur les *Verbascum thapsus*, *lychnitis* et *nigrum*.

XXXVI. Tribus PLUSIDES.

Genus ABROSTOLA Ochs., Bdv.

' 398. **Urticæ** Hub., Bdv. 1258. Août, Octobre. Au crépuscule. Sur les fleurs. A la miellée. Dans les prairies, les jardins. Lormont, Moulon. La chenille, Juillet, Septembre. Sur les *Urtica urens* et *dioica*.

' 399. **Triplasia** L., Bdv. 1259. Août, Octobre. Au crépuscule, sur les fleurs. A la miellée. Dans les prairies et les jardins. Lormont, Moulon. La chenille, Juillet et Septembre. Sur les *Urtica urens* et *dioica*.

Genus PLUSIA Ochs., Bdv.

400. **Festucæ** L., Bdv. 1270. Août. Les marais, les prairies humides. Au crépuscule, sur les salicaires. A la miellée. Bruges, Lormont. La chenille, Juin, Juillet, sur le *Fetuca fluitans*, etc.

401. **Chrysitis** L., Bdv. 1273. Mai, Août. Les marais. Au crépuscule. Sur les salicaires. A la miellée. Bruges, La Bastide. La chenille, Mai à Juillet, sur les *Urtica urens* et *Lamium album*.

402. **Circumflexa** L., Bdv. 1278. Juillet à Octobre. Dans les jardins, au crépuscule, sur la lavande. Pessac, Bouliac. La chenille, en Mai, sur l'*Urtica urens*.

403. **Gamma** L., Bdv. 1282. Toute la belle saison. Partout. La chenille, toute l'année, sur les *Urtica*, *Senecio*, *Rumex*.

* 404. **Ni** Hub., Bdv. 1283. Juillet. Je n'ai vu prendre cette Plusie qu'une seule fois, à Pessac, par M. H. Gaujac, en battant des chênes.

XXXVII. Tribus HELIOTHIDES.

Genus ANARTA Ochs, Bdv.

405. **Myrtilli** L., Bdv. 1291. Avril, Juillet, Août. En battant les bruyères dans les landes. Saint-Médard. La chenille, Juillet, Septembre, sur l'*Erica vulgaris*.

406. **Arbuti** F., Bdv. 1300. Mai. Dans les prairies. Vole en plein jour sur les petites marguerites.

Genus HELIOTHIS Ochs., Bdv.

407. **Dypsacea** F., Bdv. 1305. Mai, Août. Vole en plein midi dans les prairies sèches. Pessac, le Bouscaut. La chenille, Mars, Juin, sur les *Rumex*, *Plantago*, *Dypsacus*.

* 408. **Peltigera** W. V., Bdv. 1307. Juin à Août. Pessac, Bouliac, etc. La chenille, Juillet, Septembre. Se nourrit de racines d'*Ulex Europœus*.

* 409. **Armigera** Hub., Bdv. 1308. Juillet à Septembre. Pessac, Bouliac, etc. La chenille, Octobre sur l'*Ulex Europœus*.

Les chenilles de *Peltigera* et d'*Armigera* sont carnivores.

* 410. **Marginata** F., Bdv. 1309. Juillet, Août. Dans les prairies, à la miellée. Lormont. La chenille, Août et Septembre, sur l'*Ononis repens*.

XXXVIII. Tribus ACONTIDES.

Genus ACONTIA Ochs. , Bdv.

* 411. **Solaris** W. V., Bdv. 1322. Juin, Juillet. Vole le jour sur les mauves fleuries. Pessac, Bouliac, etc. Partout. La chenille, Août, sur les *Trifolium*, *Taraxacum*, *Malva sylvestris*
412. **Luctuosa** W. V., Bdv. 1323. Mai, Août. Coteaux calcaires, prairies arides. Pessac, Bouliac. La chenille, tout le Printemps, sur les *Plantago major*, *Malva sylvestris*.

XXXIX. Tribus CATOCALIDES.

Genus CATEPHIA Ochs. , Bdv.

* 413. **Ramburii** Bdv., 1325. Août, Septembre. Prairies humides, lieux plantés de saules. A la miellée. Bruges, Lormont, etc.
414. **Alchimista** F., Bdv. 1326. Mai, Juin. Sur les chênes, dans les bois ; sur les ormeaux, dans les promenades. Mérignac, Pessac, Bordeaux. A la miellée. La chenille, Juillet, Août. Très-délicate à élever. Sur les *Quercus* et *Ulmus campestris*.

Genus CATOCALA Ochs. , Bdv.

415. **Fraxini** L., Bdv. 1327. Août, Septembre. A été trouvée plusieurs fois à Mérignac, Talence, et même sur les ormes des promenades de la ville. La chenille vient en Mai, Juin, Juillet, sur les *Populus*.
416. **Elocata** Esp. , Bdv. 1328. Août, Septembre. Partout. Bouliac, Mérignac, Caudéran, etc. La chenille, Juin, Juillet, sur les *Populus*, *Salix alba*.
417. **Nupta** L. , Bdv. 1329. Août, Septembre. Partout. Bouliac, Bruges, Léognan. La chenille, sur les *Populus*, *Salix alba*.
Ces deux dernières viennent très-bien à la miellée.
418. **Dilecta** Hub., Bdv. 1330 Juillet. Bois de chênes. Pessac, Mérignac, Gradignan, le Bouscaut. La chenille, Mai, Juin, sur les *Quercus robur*.

419. **Sponsa** L. , Bdv. 1331. Juillet. Bois de chênes. Pessac , le Bouscaut. Beaucoup plus rare que la *Dilecta*. La chenille , Mai , Juin , sur les *Quercus robur*.

420. **Promissa** F. , Bdv. 1332. Juin , Juillet. Bois de chênes. Pessac , Mérignac , le Bouscaut , etc. La chenille , en Mai , sur les *Quercus robur*.

421. **Conjuncta** Esp. , Bdv. 1333. Août. Cette *Catocala* a été prise dans l'arrondissement subsidiaire de la Gironde , (art. 60 du règl.) à Royan (Char.-Inf.) , dans les bois de chênes.

· 422. **Optata** G. , Bdv. 1334. Août. Aubarèdes, lieux plantés de saules. Bruges , Bègles , La Bastide. A la miellée. La chenille , sur les *Populus , Salix alba*.

423. **Electa** Bork. , Bdv. 1336. Août. Aubarèdes , lieux plantés de saules , bois de chênes. Bruges , La Bastide , Fargues , Léognan. A la miellée. La chenille , sur les *Populus , Salix alba , capræa*.

· 424. **Agamos** Hub. , Bdv. 1341. Juillet. Bois de chênes. Pessac, le Bouscaut, Gradignan.

425. **Paranimpha** L. , Bdv. 1342. Juillet. La Brède , dans les bois. Le chenille , en Mai , sur *Prunus spinosa*.

Genus OPHIUSA Ochs. , Bdv.

426. **Lunaris** F. , Bdv. 1350. Mai , Juin. Dans les broussailles des bois. Vole très-bien le jour. Pessac , le Bouscaut. La chenille, Juin , Juillet. En battant les chênes. Est assez commune et facile à élever.

· 427. **Craccæ** F. , Bdv. 1358. Septembre. Côteaux calcaires. En battant et à la miellée. Fargues , Lormont.

428. **Algira** L. , Bdv. 1363. Mai à Août. En battant les bois. Pessac , Bouliac. La chenille , d'après les auteurs , vit sur le *Prunica granatum*.

Cet arbuste étant très-rare , et le papillon très-répandu , je pense qu'il doit avoir une autre nourriture.

XL. Tribus NOCTUOPHALÆNIDES.

Genus EUCLIDIA Ochs. Bdv.

429. **Mi** L. , Bdv. 1374. Mai , Juin , Juillet. Terrains calcaires. Prairies sèches. Vole le jour. Cenon , Fargues , Bonnetan.

430. **Gliphica** L., Bdv. 1377. Avril, Mai, Juillet, Août. Dans les prairies. Partout. La chenille, Juin, Septembre, sur divers trèfles.

Genus ANTHOPHILA Bdv.

431. **Ænea** W. V., Bdv. 1385. Avril, Juillet. Landes, champs de blé. Le Bouscaut, Moulon, etc.
* 432. **Argentula** Bork, Bdv. 1399. Mai à Août. Dans les herbes. Partout. Pessac, Blanquefort, Gradignan.

Genus AGROPHILA Bdv.

433. **Sulphurea** Hob., Bdv. 1409, Mai à Août. Prairies arides, côtes, etc. Fargues. La chenille, Juin, Juillet, sur les *Convolvulus arvensis*.
* 434. **Unca** W. V., Bdv. 1402, Août. Dans les marais, en battant les broussailles. Bruges, etc.

Genus ERASTRIA Bdv.

* 435. **Fuscula** W. V.. Bdv; 1404. Été. Partout.

Genus STILBIA St., Bdv.

* 436. **Stagnicola** Tr., Bdv, 1409. Septembre. Bois de chêne. A la miellée, Pessac, etc.

GEOMETRÆ.

Genus GEOMETRA Bdv.

437. **Papillonaria** L., Bdv. 1415. Mai, Juin, Juillet. Bois de chênes, haies. Pessac, Gradignan. La chenille, Juin, Septembre, sur les *Coryllus avellana*, *Salix caprea*.

Genus PHORODESMA Bdv.

438. **Smaragdaria** Esp., Bdv. 1416. Juin, Juillet. Haies, Bouquets de ronces. Au Bouscaut. La chenille, en Mai, sur le *Rubus fruticosus*.
439. **Bajularia** Esp. Juin. Bois de chênes. Pessac. La chenille, en Mai, sur le *Quercus robur*.

Genus HEMITHEA Dup., Bdv.

440. **Coronillaria** Hub., Bdv. 1421. Juillet, Août. Bois. Pessac, le Bouscaut. La chenille, Avril, Mai, sur l'*Ulex Europæus*.

441. **Vernaria** W. V., Bdv. 1422. Avril, Juin. Au crépuscule, vole sur les haies. La Bastide, Bouliac. La chenille, Mai, Septembre, sur les *Prunus spinosa* et *Quercus robur*.

442. **Viridaria** Hub., Bdv. 1423. Mai, Juin, Juillet. Landes. A Saint-Médard.

443. **Herbaria** Hub., Bdv. 1425. Mai. En battant les haies. Bouliac, Floirac. La chenille, en Octobre, sur le *Prunus spinosa*.

· 444. **Æruginaria** W. V., Bdv. 1426. Mai. Partout. En battant les haies. La chenille, Juillet, Octobre, sur les *Alnus glutinosa* et *Carpinus betulus*.

Cette espèce a été longtemps confondue avec *Putataria* L. qui vient en Allemagne.

445. **Æstivaria** Esp., Bdv. 1428. Juin, Juillet. En battant les haies. Bouliac, Floirac, etc. La chenille, Juin, sur les *Quercus robur* et *Prunus spinosa*.

446. **Buplevaria** W. V., Bdv. 1429. Mai, Juin. En battant les haies. Partout. Bouliac, etc. La chenille, Juin, sur les *Prunus, Cratægus*.

Genus METROCAMPA Lat., Bdv.

447. **Margaritaria** L., Bdv. 1432. Mai, Juin, Septembre. En battant les bois de chênes, les haies. Pessac, Bruges, Fargues, Floirac, etc. La chenille, Avril, Juillet, etc., sur le *Quercus robur*.

Le *Margaritaria* varie beaucoup pour la taille. En Septembre, époque de sa seconde apparition, les individus sont plus petits qu'en Mai et Juin.

Genus URAPTERIX Kirby, Bdv.

448. **Sambucaria** L., Bdv. 1435. Juillet. Haies, jardins, bois. Sur les sureaux. Le Bouscat, le Haillan, etc. La chenille, Avril, Mai, a passé l'Hiver. Se nourrit de *Sambucus nigra*, *Prunus spinosa*, *Lonicera xylosteum* et *peryclimenum*.

Genus RUMIA Dup., Bdv.

449. **Cratægaria** Hub., Bdv. 1436. Mai à Septembre. Dans les haies. Partout. La chenille, toute l'année, sur les *Cratægus* et *Prunus*.

Genus ENNOMOS Dup., Bdv.

450. **Syringaria** L., Bdv. 1437. Juin, Août. En battant les haies. Bouliac, Floirac. La chenille, Juin, Juillet, Septembre, sur les *Ligustrum vulgare, Jasminum officinalis, Syringa vulgaris.*

451. **Dolabraria** L., Bdv. 1438. Avril, Mai, Juillet. Bois de chênes. Pessac, Gradignan, etc. La chenille, Juin, Juillet, sur les *Quercus robur* et *Tillæa Europæa.*

452. **Parallelaria** W. V., Bdv. 1443. Juin, Juillet. En battant les haies. Au crépuscule. La Bastide, Lormont. La chenille, Juin, sur les *Salix* et *Corylus avellana.*

* 453. **Advenaria** Esp., Bdv. 1444. Juin, haies. La Bastide. La chenille, sur le *Cratægus.*

454. **Lunaria** W. V., Bdv. 1446. Mai, Juillet. Bois de chênes. Pessac. La chenille, sur les *Quercus robur* et *Ulmus campestris*. La chenille de la deuxième génération passe l'Hiver en chrysalide.

455. **Delunaria** Hub., Bdv. 1447. Avril. Bois de chênes, haies d'aubépine. Partout. La chenille, Mai, sur le *Prunus spinosa.*

456. **Erosaria** W.V., Bdv. 1451. Juillet. En battant les bois de chênes. Pessac. La chenille, Août, Septembre, sur les *Quercus robur, Pyrus vulgaris.*

* 457. **Illearia** H. Gey., Bdv. 1552. Mai, Septembre. Bois. A la miellée.

* 458. **Tiliaria** Hub., Bdv. 1454. Août, Septembre. En battant les bois de chênes. Pessac. La chenille, en Juillet, sur les *Quercus robur* et *Ulmus campestris.*

459. **Prunaria** L., Bdv. 1458. Mai, Juin, Juillet. Bois de chênes, haies. Bouliac, Gradignan, Léognan, etc. La chenille, en Mai, sur les *Prunus spinosa, domestica, cerasus, Pyrus vulgaris, Corylus avellana, Carpinus betulus.*

Var. *Corylaria* Esp., Bdv. Même époque et mêmes localités que le type. Beaucoup plus rare.

Genus HIMERA Dup., Bdv.

* 460. **Pennaria** L., Bdv. 1459. Octobre, Novembre. Bois de chênes, haies de pruneliers. Pessac, Bouliac. La chenille, en battant en Mai, sur les *Quercus robur, Prunus spinosa, Carpinus betulus.*

Genus CROCALLIS Tr., Bdv.

461. **Elinguaria** L., Bdv. 1462. Août. Haies, champs de genêts. Partout. La chenille, en Mai, sur les *Quercus robur, Cratægus, Prunus, Genista scoparia.*

Genus MACARIA Cur., Bdv.

462. **Alternaria** Hub., Bdv. 1472. Avril, Mai, Août. Bois, marais. Partout. La chenille, Avril, Juillet, sur l'*Alnus glutinosa.*

Genus ASPILATES Tr., Bdv.

463. **Calabraria** Esp., Bdv. 1480. Juin, Juillet. Landes, côtes. Pessac, Bouliac, Fargues, Saint-Émilion, etc.
La chenille, très-difficile à élever, en Avril, sur l'*Asphodelus albus.*

464. **Purpuraria** L., Bdv. 1481. Juin, Août. Landes, côtes, champs de genêts. Bouliac, Pessac, Lamothe, etc. La chenille, Avril, Mai, sur l'*Anthemis nobilis.*

465. **Citraria** Hub., Bdv. 1491. Avril, Mai. Bois, champs de genêts. Pessac. La chenille, en Avril, sur diverses graminées.

* 466. **Gloriosaria** Bdv. 1494. Juin. Landes humides. Léognan, Cestas. En battant.

Genus FIDONIA Bdv.

467. **Piniaria** L., Bdv. 1510. Avril, Mai. Bois de pins. Vole à la cime des arbres. Pessac, Mérignac, Bruges. La chenille, Août, Septembre, Octobre. Sur le *Pinus maritima.* La chrysalide, tout l'Hiver, au pied de ces arbres et du *Pinus pinaster.*

468. **Atomaria** L., Bdv. 1515. Avril, Mai, Juillet, Août. Partout. La chenille, Juin, Septembre, sur les *Scabiosa arvensis* et *sylvatica*, *Artemisia vulgaris*. La deuxième génération passe l'Hiver en chenille.

Genus EUPISTERIA Bdv.

469. **Concordaria** Hub., Bdv. 1516. Mai. Champs de genêts, volant sur les fleurs. Pessac. La chenille, en Septembre, sur le *Genista tinctoria*.

470. **Hepararia** Hub., Bdv. 1520. Mai, Juin. Bords des ruisseaux, haies. Pessac, Mérignac, Fargues, etc. La chenille, Août, Septembre. Sur les *Salix* et *Alnus glutinosa*.

Genus HIBERNIA Lat., Bdv.

· 471. **Rupicapraria** W. V., Bdv. 1527. Février. Haies. Pessac, Bouliac, Floirac, etc. La chenille, en battant les haies. Avril, Mai. Sur les *Cratægus* et *Prunus*.

· 472. **Progemmaria** Hub., Bdv. 1529. Première quinzaine de Mars. Bois, Peupliers. Blanquefort, etc. La chenille, Mai, Juin. Sur le *Cratægus*.

· 473. **Defoliaria** L., Bdv. 1530. Mars, contre les arbres. Partout. La chenille, en Mai, sur les *Cratægus*, *Prunus*, *Quercus*. Cette espèce varie beaucoup.

· 474. **Leucophæaria** W. V., Bdv. 1531. Février. Sur les haies. A Pessac, Mérignac. La chenille, en Juin, sur le *Quercus robur*.

· 475. **Bajaria** Hub., Bdv. 1532. Décembre, Février. Sur les haies. Pessac, Bouliac. La chenille, Mai, Juin. Sur les *Cratægus* et les *Prunus*. Cette espèce varie beaucoup pour les teintes de ses couleurs. C'est la plus commune du genre.

· 476. **Pilosaria** W. V., Bdv. 1533. Février. Contre les ormeaux des promenades. A La Bastide. La chenille, Juillet, sur les *Ulmus campestris*, *Prunus spinosa*, *Quercus*.

Genus AMPHIDASIS Dup., Bdv.

· 477. **Hirtaria** L., Bdv. 1542. Avril. Bois de chênes. Pessac, Mérignac. La chenille, de Juin à Septembre. Sur les *Tillæa europæa*, *Quercus robur*, *Ulmus campestris*.

478. **Betularia** L., Bdv. 1543. Juillet, Août. Bois, promenades plantées d'ormes ou de tilleuls. Pessac, Bordeaux, etc. La chenille, même localité. Sur les *Ulmus, Tillœa, Quercus*. Très-difficile à élever.

479. **Prodomaria** Fab., Bdv. 1544. Février, Mars, Avril. Contre les chênes, dans les bois. Pessac, le Bouscaut. La chenille, Juin, Juillet. Sur les *Quercus robur, Ulmus campestris*, etc. Cette espèce varie beaucoup pour la couleur du fond.

Genus BOARMIA Tr., Bdv.

480. **Repandaria** W. V., Bdv. 1547. Avril, Juillet. En battant les bois de chênes. Très-rare. Pessac.

· 481. **Roboraria** W. V., Bdv. 1548. Avril, Juillet. En battant les bois de chênes, à Pessac, Gradignan, etc. La chenille, Mai, Août. Sur les *Quercus robur*.

482. **Consortaria** F., Bdv. 1551. Avril à Juillet. Bois de chênes. Partout. La chenille, Mai, Juin, Août, Septembre. Sur les *Quercus robur, Populus* et *Salix*.

483. **Rhomboïdaria** W. V., Bdv. 1554. Mai, Juin, Septembre. Partout, à la corde à miel. La chenille, Mai, Juillet. Sur les *Prunus* et *Cratœgus*, etc. La seconde génération passe l'hiver en chenille.

· 484. **Cinctaria** W. V., Bdv. 1559. Avril, Mai, Juillet, Août. En frappant les chênes. Pessac, Gradignan, etc. La chenille, Mars, Juin. Sur l'*Erica vulgaris*. La seconde génération passe l'hiver en chenille.

· 485. **Consimilaria** Dup., Bdv. 1560. Avril. En battant les chênes. Pessac. Je n'ai trouvé cette Boarmie qu'une seule fois.

· 486. **Petrificaria** Dup., Bdv. 1567. Avril, Juillet à Septembre. Contre les murs. Au crépuscule. A la miellée. Pessac, Moulon, Lormont.

· 487. **Lichenearia** W. V., Bdv. 1570. Juillet. Contre les arbres. Pessac, Gradignan, etc. La chenille, Mai. Sur les *Lichens* (*Omphaloïdes*).

Genus TEPHROSIA Tr. , Bdv.

488. **Crepuscularia** W. V. , Bdv. 1571. Mars, Avril, Juillet, Août. Contre les murs et les pins. Bruges, le Bouscat. La chenille, Mai, Août, Septembre. Sur les *Prunus spinosa*, *Salix*, *Sambucus nigra*, etc.

. 489. **Ponctularia** Hub., Bdv. 1574. Avril, Mai, Juillet. Aulnes, fourrés près des ruisseaux. Pessac, le Tondu, etc. La chenille, Juin. Sur l'*Alnus glutinosa*.

Genus GNOPHOS , Bdv.

. 490. **Obscuraria** Bvb., Bdv. 1589. Septembre. En battant les genévriers. Roches, terrains arides, côtes. Fargues, Bonnetan.

. 491. **Panessacaria** Nob. Juin, Juillet. En battant les broussailles des Landes. Au Haillan, Saint-Médard.

Cette phalène remarquable a été découverte par M. Panessac qui, le premier, a constaté son existence dans la Gironde, en 1850.

Beaucoup plus petite que l'*Obscuraria ;* elle est d'une couleur noire, plus ou moins luisante, souvent très-charbonnée; avec deux lignes ondulées formant le cercle aux ailes supérieures, pointillées de petits atomes blancs, quelquefois très-nombreux, et dont le dernier vient se perdre à la base des inférieures. La frange des quatre ailes est fort courte, et les taches qu'on observe sur chacune d'elles sont presque toujours pleines ou mal indiquées, au lieu d'être bien marquées, comme dans sa congénère dont la frange est bien plus allongée.

La couleur et les dessins de la femelle sont absolument identiques à ceux du mâle.

Cette nouvelle Géomètre habite une localité très-restreinte de la lande du Haillan où elle vole en petit nombre parmi les *Pinatris maritima*, vers la fin de Juin et Juillet. J'ai vainement cherché à me procurer la chenille.

Ainsi, j'établis ici cette jolie phalène comme espèce nouvelle intermédiaire entre l'*Obscuraria* et la *Pullaria*, la différence des dessins est assez tranchée pour faire apercevoir qu'elle n'appartient ni à l'une ni à l'autre espèce. Ce serait à tort qu'on la considérerait comme une variété locale de l'*Obscuraria* : 1° Elle ne paraît pas à la même époque ; 2° les localités sont bien loin d'être identiques ; 3° dans la localité où l'on trouve l'*Obscuraria*, jamais on ne trouve l'autre, et *vice versà* ; 4° jamais on n'a trouvé de variétés intermédiaires.

Genus EUBOLIA, Bdv.

- 492. **Partitaria** Hub., Bdv. 1601. Juin, Juillet, Septembre. Dans les broussailles des côtes. Fargues, Bonnetan.
- 493. **Artesiaria** W. V., Bdv. 1603. Juillet à Septembre. Bois taillis. Pessac, Lormont. A la miellée.

494. **Palumbaria** W. V., Bdv. 1606. Mai, Septembre. Bois. Pessac, etc.

495. **Mensuraria** W. V., Juillet. En battant les broussailles, dans les côtes. Fargues, Bonnetan. La chenille, Avril. Sur le *Prunus spinosa*.

- 496. **Peribolaria** Dup., Bdv. 1610. Septembre. Bois, landes. Pessac, le Bouscat, etc. La chenille, en mai. Sur l'*Ulex europœus*.

497. **Bipunctaria** W. V., Bdv. 1616. Juillet, Août. Dans les bois. Partout. La chenille, Juillet. Sur le *Lolium perenne*.

498. **Miaria** W. V., Bdv. 1627 Mai, Août, En battant les haies. Au crépuscule. Bouliac, Floirac, Cenon. La chenille, en Mai. Sur le *Quercus*.

- 499. **Nebularia** Bdv. 1617. Mars. Contre les murs, les clôtures. Cette Géomètre a été trouvée pour la première fois, dans le département, par M. H. Gaujac, en 1855.

500. **Ferrugaria** W. V., Bdv. 1628. Avril, Juillet. Bois, broussailles. Pessac, etc. La chenille, Juin, Octobre. Sur l'*Alsine media*. La seconde génération passe l'hiver en chrysalide.

Genus ANAITIS Dup., Bdv.

501. **Plagiaria** Bdv. 1633. Mai, Juin. Partout.

Le type de la *Plagiaria* est très-grand dans la Gironde, principalement ceux que l'on prend dans les landes.

Genus LARENTIA Bdv.

- 502. **Dubitaria** Bdv. 1637. Septembre. Dans les creux des murs des rochers, des arbres. Bouliac, le Bouscat, etc.

* 503. **Rhamnaria** Bdv. 1641. Mai, Juin. En battant les bois. Au crépuscule. Bouliac, Floirac, Bruges.

504. **Vitalbaria** Dup., Mai, Juin. En battant les bois. Vole au crépuscule avec la *Rhamnaria*.

* 505. **Gemmaria** Bdv. 1644. Août. A la miellée. Dans les marais, aux bords des rivières. Bruges, Lormont.

* 506. **Fluviaria** Août. A la miellée. Dans les marais, aux bords des rivières. Bruges, Lormont.

507. **Bilinearia** Bdv. 1647. Mai à Juillet. Partout.

C'est une des Géomètres qui abondent le plus dans le département. Variations insignifiantes.

* 508. **Tersaria** Bdv. 1652. Mai. Trouvée une seule fois, par MM. Serisié frères, contre un mur.

* 509. **Lugdunaria** H.-S., Juin. Landes d'Arlac.

Cette espèce, découverte à Lyon par M. Millière, et déterminée par M. Herrich-Schœffer, a été trouvée dans la Gironde, en 1856, par MM. Serisié frères.

* 510. **Lignaria** Bdv. 1656. Août. En battant les haies, les broussailles. Dans les marais. Bruges, Blanquefort.

* 511. **Petraria** Esp., Bdv. 1659. Avril, Mai, Juin. En battant les fourrés des bois, à Pessac.

* 512. **Psittacaria** Bdv. 1667. Mai, Septembre. Bois taillis. Pessac, etc. La chenille, Juillet, Octobre, sur le *Quercus robur*.

513. **Dilutaria** Bdv. 1669. Octobre, Novembre. Haies. Bouliac, etc. La chenille, Mai, Juin. Sur les *Quercus*, *Ulmus*, *Cratægus*, etc. Le papillon varie beaucoup.

* 514. **Brumaria** Esp., Bdv. 1670. Décembre, Janvier. Contre les arbres, dans les haies. Pessac, Mérignac. La chenille, Mai. Sur les *Prunus spinosa*, *Cratægus*.

Genus LOBOPHORA Curt., Bdv.

* 515. **Sexalaria** Bdv. 1677. Juin. Marais. Sur le *Salix alba*. Blanquefort, etc. A la miellée.

* 516. **Sparsaria** Bdv. 1685. Octobre. Marais. A la miellée.

Genus EUPITHECIA Curt., Bdv.

517. **Centaurearia** Bdv. 1694. Août, Septembre. A la miellée. Lor-

mont. La chenille, Juin, Juillet. Sur les *Centaurea jacea* et *nigra*, *Ononis spinosa*.

* 518. **Innotaria** Bdv. 1699. Mai, Juin. Partout.

* 519. **Hospitaria** Bdv. 1701. Septembre, Octobre. Endroits marécageux. A la miellée.

* 520. **Pusillaria** Bdv. 1708. Juillet. Landes. En battant les bruyères.

* 521. **Pauxillaria** Ramb. , Bdv. 1711. Septembre. Marais. A la miellée.

* 522. **Tamarisciaria** Bdv. 1712. Septembre. Endroits marécageux. Blanquefort, etc. A la miellée.

* 523. **Pumilaria** Bdv. 1713. Juin. Bois de chênes, en frappant. A Pessac, le Bouscaut.

* 524. **Austeraria** Bdv. 1714. Septembre. Côtes, Fargues. En battant les haies.

Ces deux dernières *Eupithecia* m'ont été communiquées par MM. Serisié frères.

* 525. **Indigaria** Bdv. 1716. Septembre. Marais. A la miellée.

* 526. **Minutaria** Bdv. 1718. Mai, Juin. En battant les chênes. Pessac.

* 527. **Denotaria** Bdv. 1719. Dans les bois. Pessac, etc.

528. **Linaria** Bdv. 1720. Mai. Vole avec la précédente.

Genus CHESIAS Bdv.

* 529. **Spartiaria** Bdv. 1738. Octobre, Novembre. Champs de genêts. Saint-Médard, le Haillan. La chenille, Mai, Juin. Sur le *Genista tinctoria*.

* 530. **Obliquaria** W. V., Bdv. 1739. Avril, Août. Champs de genêts. Saint-Médard. A la miellée, à Lormont.

* 531. **Chenopodiaria** Bdv. 1746. Avril. Haies. Floirac.

Genus CIDARIA Tr., Bdv.

532. **Rubidaria** Bdv. 1757. Mai, Juin. Sur les côtes, en battant les haies. Bouliac, Floirac. La chenille, Avril ; a passé l'hiver. Se nourrit de *Cratægus*, *Prunus*, etc.

* 533. **Derivaria** Bdv. 1760. Avril. Haies. Floirac.

534. **Impluvaria** Bdv. 1767. Avril à Juin. En battant les bois de chênes.

535. **Picaria** Bdv. 1777. Mai, Juin. Partout. La chenille, Octobre. Sur les *Prunus* et *Cratægus*.

Il est certain que la Gironde doit renfermer bien d'autres *Cidaria;* cependant, malgré mes recherches, je n'ai pu en découvrir d'autres.

Genus MELANIPPE Dup., Bdv.

536. **Macularia** L., Bdv. 1779. Avril, Mai. En battant les haies, les broussailles. Partout. La chenille, Août, Septembre, sur les chicoracées.

537. **Marginaria** Hub., Bdv. 1780. Mai, Juin. Lieux frais, près des ruisseaux. La chenille, Avril, Mai, sur le *Salix*

538. **Rivularia** Bdv. 1785. Juin. Dans les bois. La chenille, Septembre, sur les *Quercus robur.*

539. **Hydraria** Bdv. 1786. Mai. Lieux frais, bords des ruisseaux. Dans les bois. Pessac. La chenille, selon les auteurs, sur les *Quercus robur* et *Alnus glutinosa*, en Septembre.

540. **Rivaria** Bdv. 1787. Mai, Juin. En battant les haies. La chenille, Septembre, sur les *Quercus robur, Prunus spinosa.*

541. **Alchemillaria** Bdv. 1788. Mai à Août, en battant les haies, dans les marais. Bruges, etc.

Genus MELANTHIA Bdv.

• 542. **Ocellaria** Bdv. 1792. Mai, Août. Bords des ruisseaux. Pessac. La chenille, Juillet, Octobre, sur le *Galiem verum.*

• 543. **Fluctuaria** Bdv. 1793. Mai, Juin. En battant les haies. Pessac, etc.

• 544. **Blandiaria** Bdv. 1796. Juillet. En battant les buissons. Pessac, Gradignan, Mérignac, Talence, etc.

545. **Rubiginaria** Bdv. 1800. Juin, Juillet. Plantations d'aulnes haies près des ruisseaux. Pessac, le Tondu. La chenille, en Mai, sur l'*Alnus glutinosa.*

546. **Adustaria** Bdv. 1802. Mai, Juillet En battant les haies. Pescac. La chenille, sur l'*Evonymus europœus.*

Genus ZERENE Dup., Bdv.

547. **Grossularia** Bdv. 1804. Mai à Juillet. Dans toutes les haies. Partout. La chenille, Avril, Mai, sur les *Prunus, Cratœgus, Ribes*, etc.

C'est une des Géomètres les plus communes du département.

﹡548. **Pantaria** L., Bdv. 1806. Mai. Contre les peupliers, à Bègles. La chenille, Octobre, à Bègles, sur le *Fraxinus excelsior*.

Genus CABERA Dup., Bdv.

549. **Pusaria** L., Bdv. 1809. Avril, Mai, Juillet, Août. Lieux frais, bords des ruisseaux. Pessac, etc. La chenille, Juin, Septembre, sur les *Salix*, *Alnus glutinosa*.

﹡550. **Albeolaria** Ramb., Bdv. 1810. Juin. Je n'ai pris cette Géomètre qu'une seule fois, en battant des chênes, à Pessac.

﹡551. **Exanthemeraria** Esp., Bdv. 1311. Juin; Juillet.

552. **Contaminaria** Hub., Bdv. 1815. Avril, Mai, Août, Septembre. Bois. Pessac, Mérignac. La chenille, Octobre, Juin, sur les *Quercus robur*.

553. **Permutaria** Hub., Bdv. 1816. Avril, Août. Lormont. A la miellée. La chenille, Juin, Octobre, sur l'*Alnus glutinosa*.

﹡554. **Commutaria** Hub., Bdv. 1817. Mai, Juin. Contre les peupliers. Bègles.

﹡555. **Ononaria** Botk, Bdv. 1820. Juin, Juillet. Coteaux arides. En battant les broussailles, les genévriers. Fargues, Bonnetan. La chenille, en Octobre, sur l'*Ononis arvensis*.

Genus EPHYRA Dup., Bdv.

﹡556. **Trilinearia** Botk, Bdv. 1822. Juillet. En battant les haies. Pessac, etc.

﹡557. **Punctaria** L., Bdv. 1823. Avril, Mai, Août. Bois, haies, etc. Partout. La chenille, Juin, Septembre, sur le *Quercus robur*.

﹡558. **Poraria** Tr., Bdv. 1825. Mai à Juillet. En battant les haies. Bouliac, Floirac. La chenille, Septembre, sur les *Quercus robur*, *Cratægus* et *Prunus spinosa*.

559. **Orbicularia** Hub., Bdv. 1830. Avril à Juin. Dans les bois de chênes. Pessac.

560. **Omicronaria** W. V., Bdv. 1831. Mai, Juin, Août, Septembre. En battant les haies. Fargues, Bouliac, Floirac. La chenille, Juin, Juillet, Octobre, sur les *Quercus robur*, *Prunus spinosa*.

Genus ACIDALIA Bdv.

* 561. **Temeraria** Hub., Bdv. 1832. Juin. En battant les haies. Pessac, Bouliac. La chenille, Septembre, Octobre, sur le *Prunus spinosa*.

562. **Ornataria** Esp., Bdv. 1835. Avril à Juillet. Dans les prairies sèches, les terrains arides. Au Tondu, etc.

* 563. **Decoraria** Hub., Bdv. 1836. Mai, Juin. Prairies sèches, terrains arides. Au Tondu, Fargues, etc.

* 564. **Immutaria** Hub., Bdv. 1838. Été. Partout. En battant.

* 565. **Emmisaria**. Juillet. Haies, fourrés. En battant. La Sauve.
Cette espèce, dont je n'ai trouvé le nom dans aucun auteur, a été prise dans la 1re quinzaine de Juillet par MM. Sérisié frères.

* 566. **Incanaria** Hub., Bvd. 1841. Mai à Juillet. En battant les haies. Partout. La chenille, Octobre, sur le *Prunus spinosa*.

* 567. **Scutularia** Hub., Bdv. 1850. Août. Marais. Blanquefort. A la miellée.

* 568. **Bisetaria** Dup., Bdv. 1851. Mai à Juillet. En battant les haies. A Bouliac. La chenille, Octobre, sur le *Prunus spinosa*; passe l'hiver engourdie.

* 569. **Lævigaria** Hub., Bdv. 1853. Août. Landes; Caudéran. En battant au crépuscule.
Var. ♀. Même localité que le type.

* 570. **Circuitaria** Hub., Bdv. 1856. Août. Vole, au crépuscule, dans les prairies. Bruges.

571. **Auroraria** Hub., Bvd. 1860. Juillet. Landes. Saint-Médard, Castelnau, Cestas. La chenille, Juin, sur le *Plantago major*.

572. **Rufaria** Hub, 1864. Juillet. Prairies sèches. Pessac, etc. La chenille en Mai, sur diverses graminées.

573. **Pallidaria** Hub., Bdv. 1865. Juillet. Prairies sèches et arides. Vole avec la précédente. Pessac, Eysines.

574. **Rubricaria** Hub. Bdv., 1866. Coteaux secs. Fargues.

* 575. **Ossearia** Hub., Bdv. 1877. Mai, Juin. En battant les haies. A Bouliac.

* 576. **Palearia** Ramb., 1878.

577. **Decoloraria** Bdv. 1882. Mai, Juin. En battant les haies, au crépuscule. Pessac, Bruges. La chenille, Septembre, sur le *Prunus spinosa*.

578. **Candidaria** Hub., Bdv. 1885. Avril à Juin. En battant les haies. Bouliac. La chenille, Août, sur les *Quercus robur* et *Carpinus betulus*.

579. **Byssinaria** Bdv. 1886. Juillet. En battant les haies. Bouliac, Fargues, etc. Cette espèce a été jusqu'ici indiquée comme étant spéciale à la Hongrie; elle a également été trouvée, dans le département des Landes, aux environs de Dax, par M. F. Lafaury.

• 580. **Punctaria** Dev. Bdv. 1898. Avril. Dans les bois. Pessac, etc. La cheniile, Août, Septembre, sur le *Quercus robur*.

• 581. **Litigiosaria** Ramb., Bdv. 1896.

• 582. **Remutaria** Hub., Bdv. 1907. Juillet. En battant les haies et les broussailles. Bouliac, Floirac.

• 583. **Degeneraria** Hub., Bdv., 1909. Juin. Partout. En battant.

584. **Aversaria** Hub., Bdv. 1910. Mai, Juillet. En battant les haies.

• 585. **Emarginaria** Hub., Bvd. 1911. Juillet. Bois de chênes humides. Pessac. La chenille, sur *Convolvulus sœpium*, *Galium verum*, en Juin.

• 586. **Prataria** Bdv. 1917. Juin, Juillet.

587. **Imitaria** Hub., Bdv. 1912. Mai, Juin. En battant les haies, les broussailles. Bouliac, Fargues. La chenille, Septembre, sur les *Prunus spinosa*, *Cratœgus oxyacantha* et *pyracantha*.

• 588. **Emutaria** Hub., 1913. Juin. En battant les haies. Partout.

Genus TIMANDRA Dup., Bdv.

589. **Amataria** L., Bdv., 1918. Mai, Juillet. En battant les haies. Partout. La chenille, Juin, Septembre, sur le *Rumex polygonum*.

Genus STRENIA Dup., Bdv.

• 590. **Clathraria** Hub. Bdv. 199. Juin, Juillet. Les côtes, les terrains calcaires. Bouliac, Floirac.

Genus STHANELIA Bdv.

• 591. **Fuscaria** Thunb., Bdv. 1931. Septembre. Landes. Pessac. A la miellée.

* 592. **Hippocastanaria** Hub., Bdv. 1932. Avril, Mai, Octobre. Partout. A la miellée. Pessac, Lormont, Moulon, etc. La chenille, Juillet, Août, Novembre sur *Erica vulgaris*.

Genus MINOA Dup., Bdv.

593. **Euphorbiaria** Hub., Bdv. 1941. Avril, Mai ; Juillet, Août. Dans les broussailles des haies. Pessac, Bouliac, etc. La chenille, Juin, Septembre sur plusieurs *Euphorbes*.

TABLE ALPHABÉTIQUE DES GENRES

CONTENUS DANS LE CATALOGUE.

Abrostola, 48.
Acherontia, 21.
Acidalia, 64.
Acontia, 50.
Acronycta, 33.
Agriopis, 41.
Agrophila, 52.
Agrotis, 37.
Amphidasis, 54.
Amphipyra, 35.
Anaitis, 59.
Anarta, 49.
Anthocharis, 7.
Antophila, 52.
Apamea, 39.
Apatura, 14.
Arctia, 25.
Arge, 15.
Argynnis, 12.
Aspilates, 55.
Boarmia, 57.
Bombyx, 26.
Bryophila, 34.
Cabera, 63.
Callimorpha, 24.
Caradrina, 44.
Catephia, 50.
Catocala, 50.
Cerastis, 46.
Cerigo, 36.
Chariclea, 47.
Chelonia, 24.
Chersotis, 36.
Chesias, 64.
Cidaria, 61.
Cilix 30.

Cleophana, 47.
Cloantha, 47.
Clostera, 33.
Colias, 8.
Cosmia, 45.
Cossus, 29.
Crocallis, 55.
Cucullia, 48.
Cymatophora, 33.
Dasycampa, 46.
Deilephila, 19.
Dianthœcia, 41.
Dicranura, 31.
Diloba, 32.
Diphtera, 34.
Emydia, 22.
Endromis, 29.
Ennomos, 54.
Ephyra, 63.
Erastia, 52.
Eriopus, 42.
Eubolia, 59.
Euchelia, 22.
Euclidia, 51.
Eupisteria, 54.
Eupitecia, 60.
Fidonia, 55.
Geometra, 52.
Gnophos, 58.
Gonoptera, 35.
Gortyna, 46.
Hadena, 39.
Harpya, 31.
Heliophobus, 38.
Heliotis, 49.
Hemithea, 53.

Hepialus, 30.
Hesperia, 17.
Hibernia, 54.
Himiera 55.
Hoporina, 46.
Harus, 42.
Larentia, 59.
Lasiocampa, 28.
Leucania, 43.
Leucophasia, 7.
Limacodes, 30.
Limenitis, 11.
Liparis, 25.
Lithosia, 23.
Lobophora, 60.
Luperina, 38.
Lycœna, 10.
Macaria, 55.
Macroglosa, 19.
Mania, 35.
Melanippe, 62.
Melanthia, 62.
Melitœa, 12.
Metrocampa 53.
Minoa, 65.
Miselia, 41.
Mythimna. 43.
Naclia, 23.
Nemeobius, 11.
Nemeophila, 24.
Noctua, 37.
Notodonta, 32.
Nudaria, 23.
Odonestis, 28.
Ophiusa, 51.
Orgya, 26.

Orthosia, 44.
Papilio, 6.
Phlogophora, 40.
Phorodesma, 52.
Pieris, 6.
Placodes, 42.
Plastenis, 33.
Platypteryx, 30.
Plusia, 49.
Polia, 42.
Polyommatus, 9.
Polyphœnis, 42.
Procris, 22.
Psyche, 30.
Pterogon, 19.
Ptilodontis, 31.

Pygæra, 32.
Rhodocera, 8.
Rumia, 54.
Rusina, 35.
Saturnia, 29.
Satyrus, 15.
Segetia, 35.
Sesia, 18.
Smerinthus, 21.
Spœlotis, 37.
Sphinx, 20.
Steropes, 16.
Sthanelia, 65.
Stilbia, 52.
Strenia, 65.
Syricthus, 17.

Tephrosia, 8.
Thanaos, 18.
Thecla, 8.
Thyathyra, 43.
Thyris, 18.
Timandra, 65.
Triphæna, 36.
Urapterix, 53.
Vanessa, 14.
Xanthia, 46.
Xylina, 47.
Xylocampa, 47.
Zerene, 62.
Zeuxera, 29.
Zygæna, 21.

BORDEAUX. — IMPRIMERIE DE TH. LAFARGUE, LIBRAIRE.